今日からモノ知りシリーズ

トコトンやさしい

冷凍空調技術の本

暑い屋外から室内に入ったとき、気持ちいい冷風がエアコンから流れてくるとホッとします。冷凍食品も美味しくなりました。私たちの快適で、便利な生活をさまざまな技術で、そしていろいろな場面で支えているのです。

公益社団法人
日本冷凍空調学会 編著

B&Tブックス
日刊工業新聞社

はじめに

今や冷凍空調機器は、社会のみならず私たちの家庭でもなくてはならないものになっています。本書では私たちが毎日の生活をより快適に、そして安心して過ごせるように、エアコンや冷凍機がいろいろなところで活躍していることをやさしく、そしてトコトン紹介します。

冷凍空調技術は本当にいろいろなところで使われています。しかしそのわりには、その仕組みはあまり知られていません。冷凍空調では、一般的なエンジンなどとは逆に、動力エネルギーを熱に変換する仕組みを利用して、効率よく冷熱や温熱を得ています。これに加えて、古代より使われている、物質の状態が変化するときに吸熱したり放熱したりする現象を利用して、性能を向上させています。室内に入ったときに、気持ちのいい冷風や温風がエアコンから流れてくるのはそのおかげです。

より快適に、そして環境にやさしくなるように最新の機械が開発され、いろいろな工夫が凝らされていて、これらの技術が家庭用のみならず店舗用やビル用の空調機に利用されています。

快適な生活環境を得る上で、エアコンは欠かせないものになっていますが、一方で、冷凍冷蔵技術が私たちの生活を安全、安心で、豊かなものにしていることも忘れられません。冷凍冷蔵機器は食べ物の安全だけではなく、さまざまなインフラが安定するように働いており、私たちの暮らしと現代社会を支えています。

私たちにとってなくてはならない冷凍空調ですが、その影響により、近年では地球がダメージを受けていると心配されています。冷凍空調機器の運転時に使われるエネルギーや排出される二酸化炭素の問題、そして作動流体、いわゆるフロン系冷媒による地球温暖化の問題などです。しかし、これからも冷凍空調が発展していくように新技術が開発され、それがうまく発揮できて役立つようにできる技術者をたくさん育てています。

これまでも冷凍空調技術に関する専門書はいろいろ発行されていますが、本書では私たちにとって大切な冷凍空調のすべてをトコトン理解していただけるように、読者の皆様にとってできるだけやさしく、かつ幅広くて深い内容の少しぜいたくな本にしました。多くの方々に本書に触れていただき、冷凍空調について知っていただけることを心より期待しております

最後になりますが、この本を丁寧に校正していただき、編集において特別なご尽力をいただきました日刊工業新聞社の藤井浩様、日本冷凍空調学会事務局の香川渚様、佐藤翔様に深く感謝いたします。また、同事務局におきましては業務多忙の中、本書に適切な図表の選定など広く作業を行っていただきましたことを特記させていただきます。資料について参考とさせていただいた各位、各団体様にも深く御礼申し上げます。

2020年4月

公益社団法人 日本冷凍空調学会 「トコトンやさしい冷凍空調技術の本」出版WG主査

香川 澄

トコトンやさしい

冷凍空調技術の本

目次

目次 CONTENTS

第1章 なぜ空気は冷えるのか？

第2章 身の回りの冷凍空調技術

第3章 いろいろなところで使われる冷凍冷蔵技術

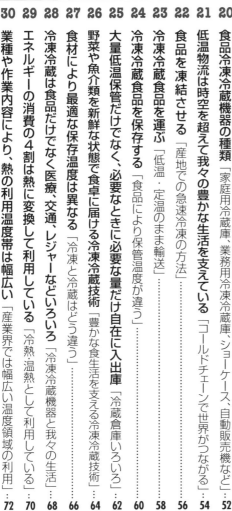

第4章 冷凍空調技術の歴史

第5章 冷凍空調の新技術・将来技術

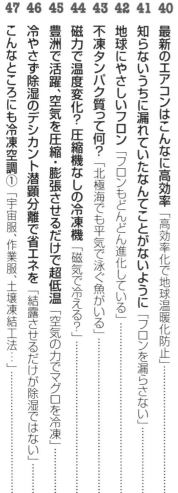

第6章 冷凍空調技術と社会の課題

第7章 冷凍空調業界を支える冷凍空調技術者

第1章
なぜ空気は冷えるのか?

1 エアコンを運転すると、なぜ部屋全体が冷えるのか？

エアコンから冷たい風 部屋全体の室温が低下

夏の暑い日、空調が入っていない部屋にいると人は汗をかきます。そして汗が蒸発することによって、効率よく体から熱を奪い取り体温が上がりすぎるのを抑える役目をしています。この体温調節機能は、あくまで健康的な体を維持する機能であって、快適な生活環境を作り出すものではありません。最近の酷暑と呼ばれるような状況では、人は大量の汗をかき、体温が上がってしまい、熱中症を起こしやすい状況になります。そこで、エアコンを運転することで、体温調節機能を補い、さらに快適な生活環境を作り出し、それを維持していきます。

エアコンを運転するとエアコンから冷たい風が吹き出します（なぜ冷たい風が出るかについては、次項以降で説明します）。この冷たい風が部屋の中に吐き出され続けることで、次第に部屋全体の空気の温度が下がっていきます。

部屋の中の暖かい空気は部屋の上の方にたまり、逆に冷たい空気は下の方にたまります。一般的にエアコンは、冷房時は、冷たい風を水平かやや上向きに吐き出し、冷たい空気が上から降り注ぐように部屋全体の温度を下げていきます。暖房時は逆に下向きに吐き出します。エアコンからの空気の吐き出し方向によって効率的に部屋全体を冷やしたり、暖めたりします。

部屋全体が設定した温度になるのにかかる時間は、エアコンの能力（＝冷やす力）に最も依存しますが、吐き出される風の勢い（風量・風速）にも大きな関係があります。吐き出される風の風速が速い方が、より早く部屋の温度を下げていきます。

部屋の上には暖かい空気がたまり、下には冷たい空気がたまる温度ムラができると部屋全体が快適な温度条件になりません。そのため部屋の空気をかき混ぜるようなファンを設置することでより早く部屋全体を快適な温度にすることができます。

要点BOX

●エアコンから吐き出される冷たい空気と風向により効率的に部屋を冷やすことができる

●風量・風速の調整で温度ムラを解消

部屋の中の温度変化

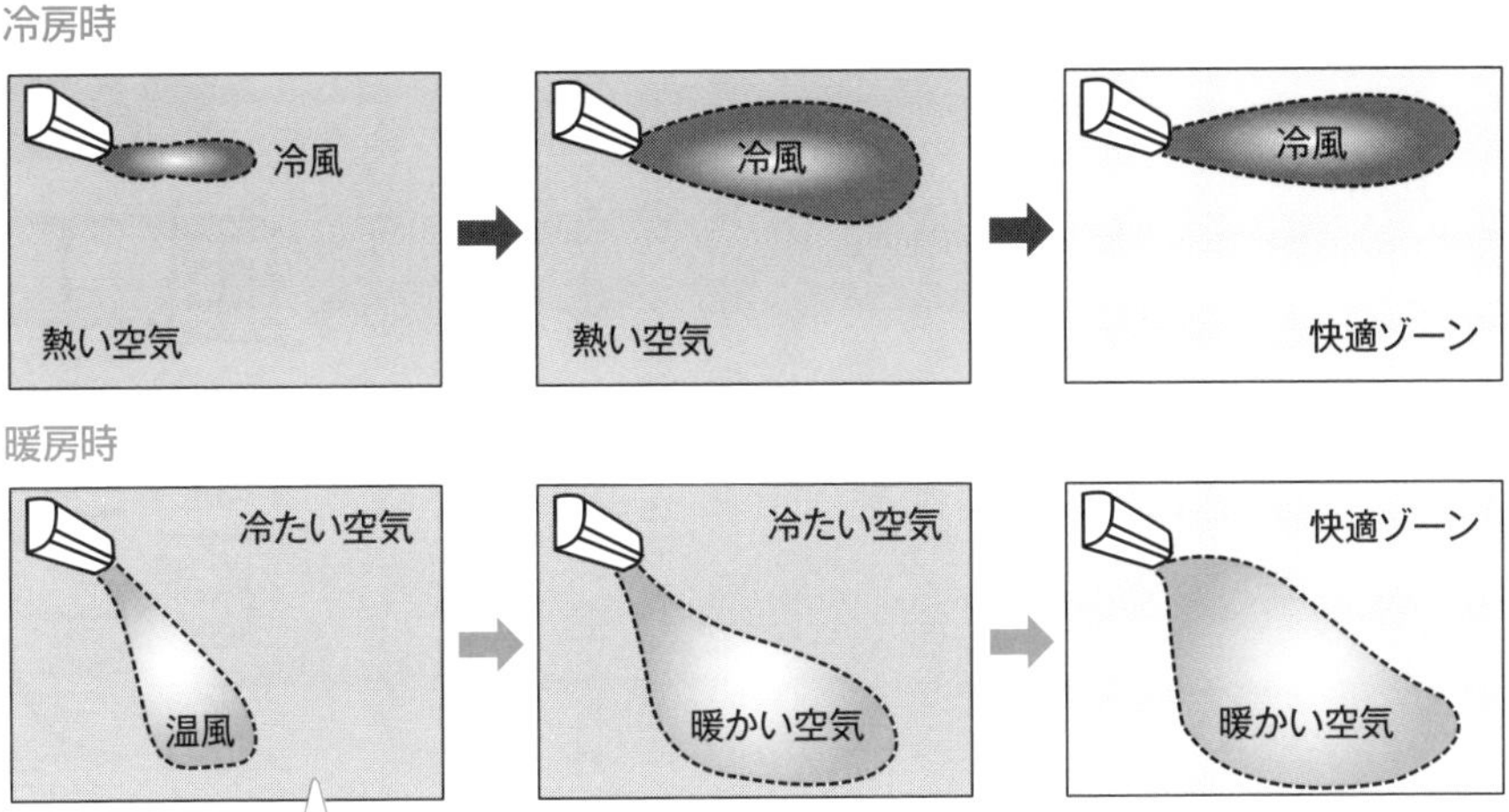

部屋の中の温度変化（温度分布図）
冷房時は、冷たい風は水平方向に、暖房時は、温かい風は下向きに吹き出させると効率的に部屋全体が空調される

部屋の中の温度ムラの解消①

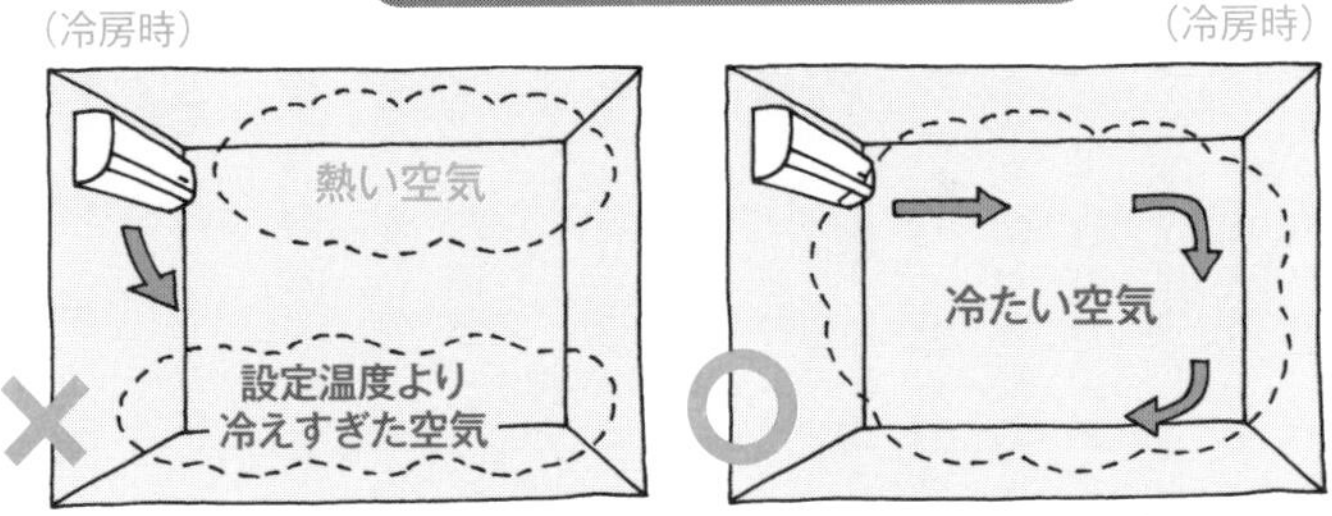

冷たい空気は下にたまる

風向きは水平か上向きに

部屋の中の温度ムラの解消②

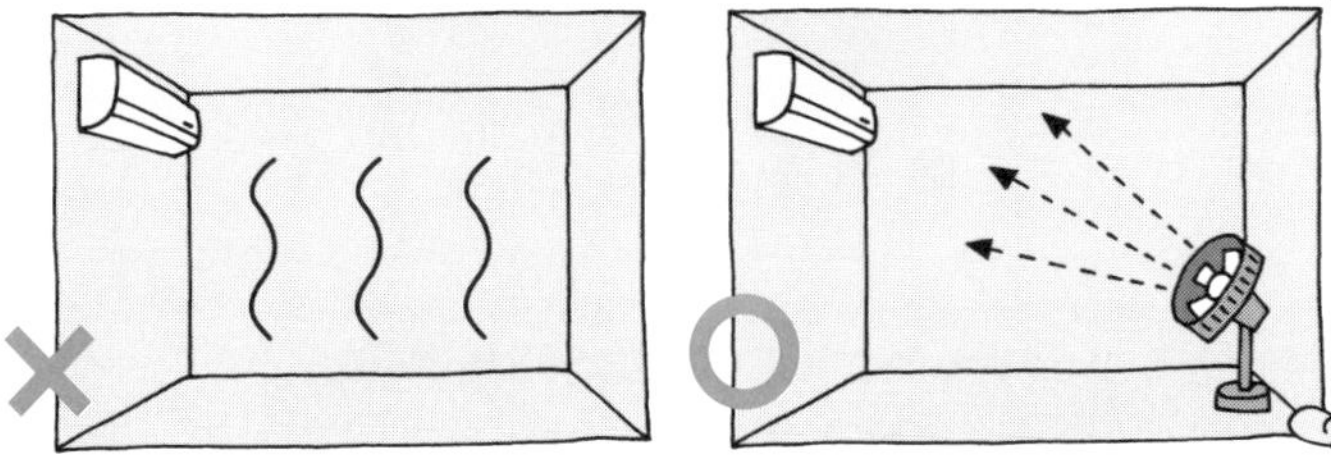

部屋の上下に温度むらがあるとき

冷たい空気を散らして
温度むらを少なくする

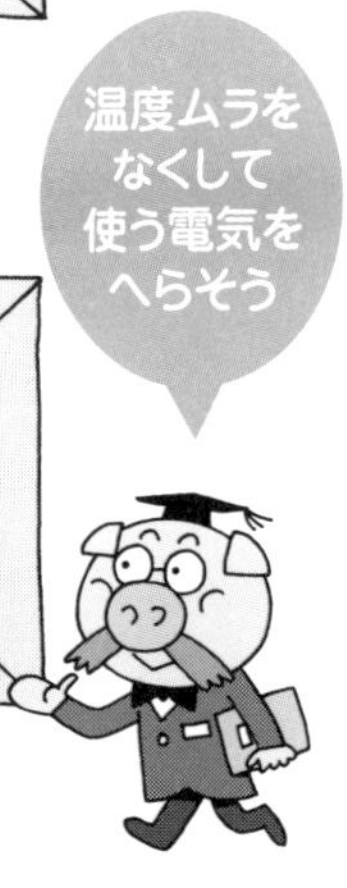

2 エアコンから冷たい風がでる仕組み

エアコンの内部では①

エアコンを運転するとどのようにして冷たい空気が作り出されるのでしょう。その仕組みを見ていきましょう。

家庭用のエアコンの多くは、室内機と室外機に分かれていて、その間を配管でつないでいます。

冷房運転時は、室内機は暖かい(温度の高い)空気を吸い込んで、それを冷やして(温度を下げて)室内に吐き出す役目をし、室内がエアコンの設定温度になるように、吐き出す空気の温度や風量を調整する機能も有しています。

それでは、冷たい空気を作る仕組みを解説します。室内機の中には、次のような機器が装備されています。

①空気と冷媒(エアコンの内部を循環している物質)が熱を交換する装置(蒸発器)②空気を吸い込んで、吐き出すためのファンとモータ　③それらを制御するための電装部品。ここでの重要な機器は、冷たい空気をつくりだす蒸発器です(左中)。

この蒸発器は、管の中には今にも蒸発しそうな状態の冷媒液が流れていて、管の外側を室内の暖かい空気が流れるような構造になっています。この今にも蒸発しそうな冷媒液は、暖かい空気で加熱されるとガス化して冷媒蒸気となります。一方、暖かい空気は持っている熱を管内の冷媒液に与えるため、熱が少なくなり、温度が下がります。このように室内機の蒸発器の中で、部屋の中の暖かい空気と冷媒との間で熱の移動が起こり、冷媒液はガス化し、暖かい空気は冷やされる現象が連続して起こります。言い換えると、空気は冷媒液が蒸発するための熱を放出するので、空気の温度は下がります(94ページコラム)。

夏の暑い日、打ち水をすると少し涼しくなる原理と同じです。液体が蒸発する時に周りから効率よく熱を奪う性質を使った仕組みです。

部屋の設定温度が28℃では、冷媒が蒸発している時の冷媒の温度は、約5℃程度になっています。

要点BOX

- 冷媒液が蒸発する時、冷媒が空気から熱を奪いとるので、空気は冷やされる
- 室内空気は、冷媒液に熱を与え、冷媒を蒸発

エアコンの仕組み

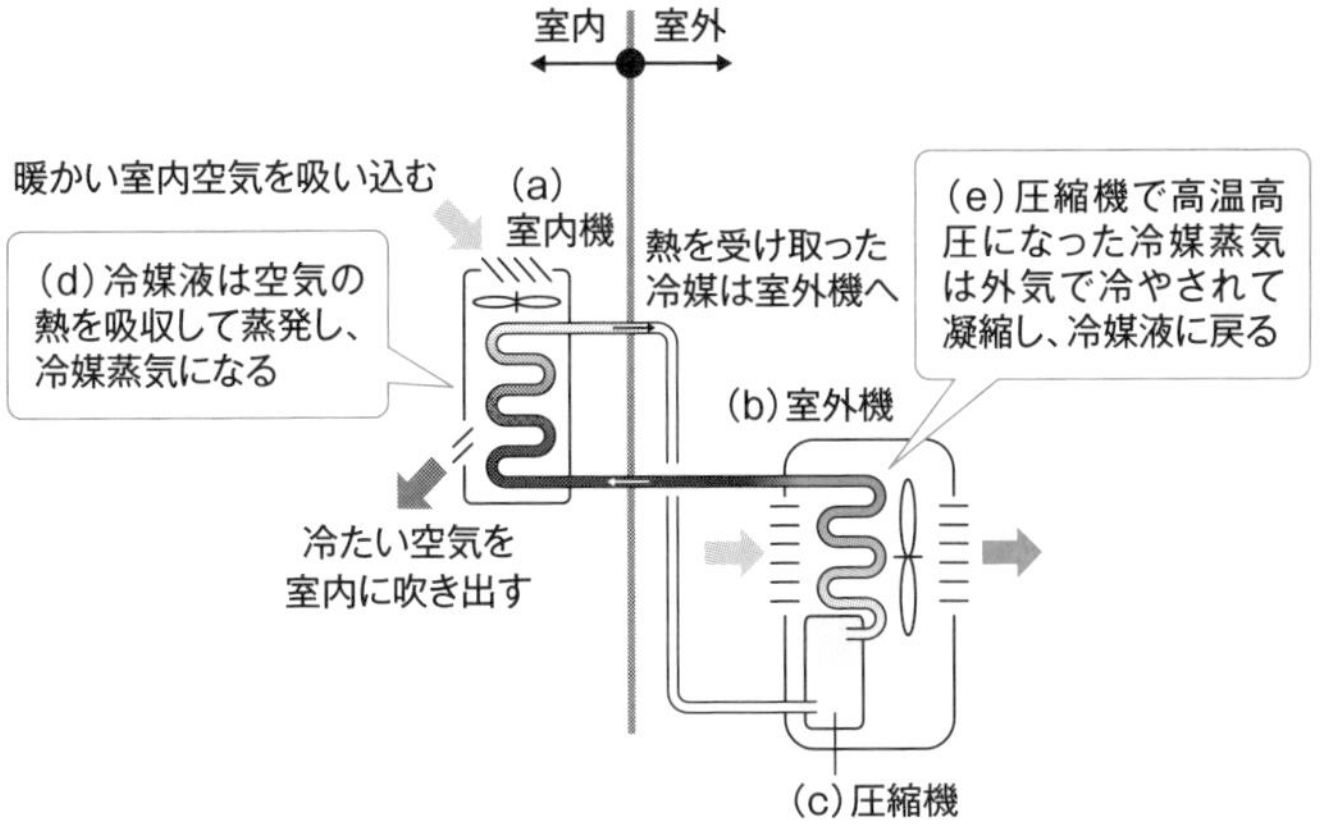

蒸発器の仕組み

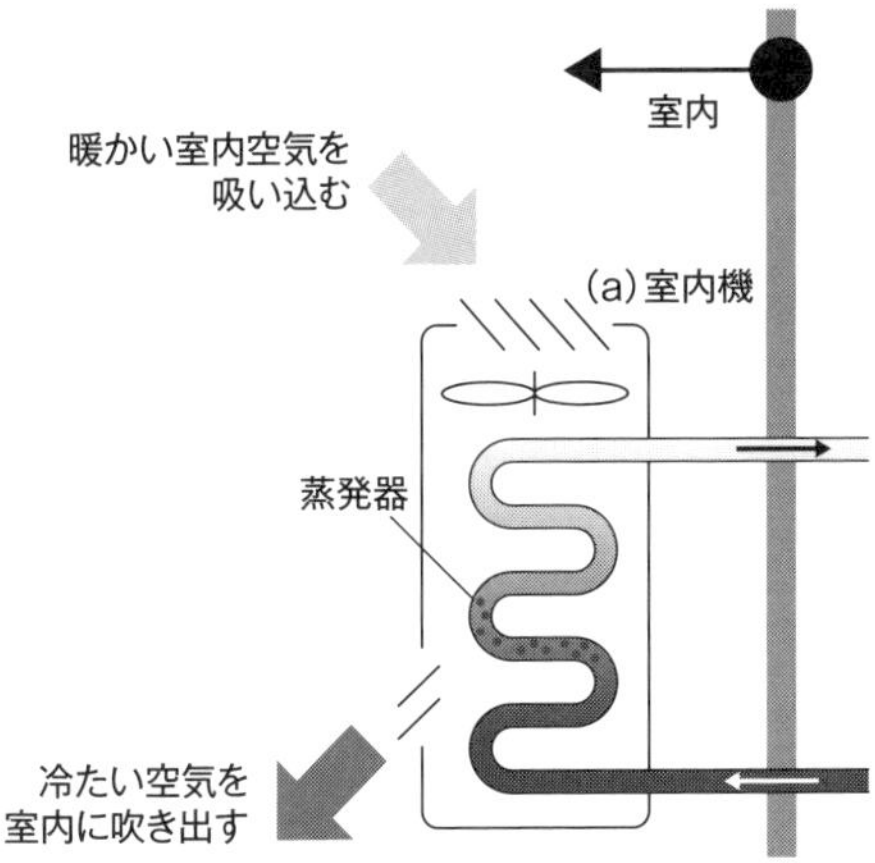

管の中での空気と冷媒

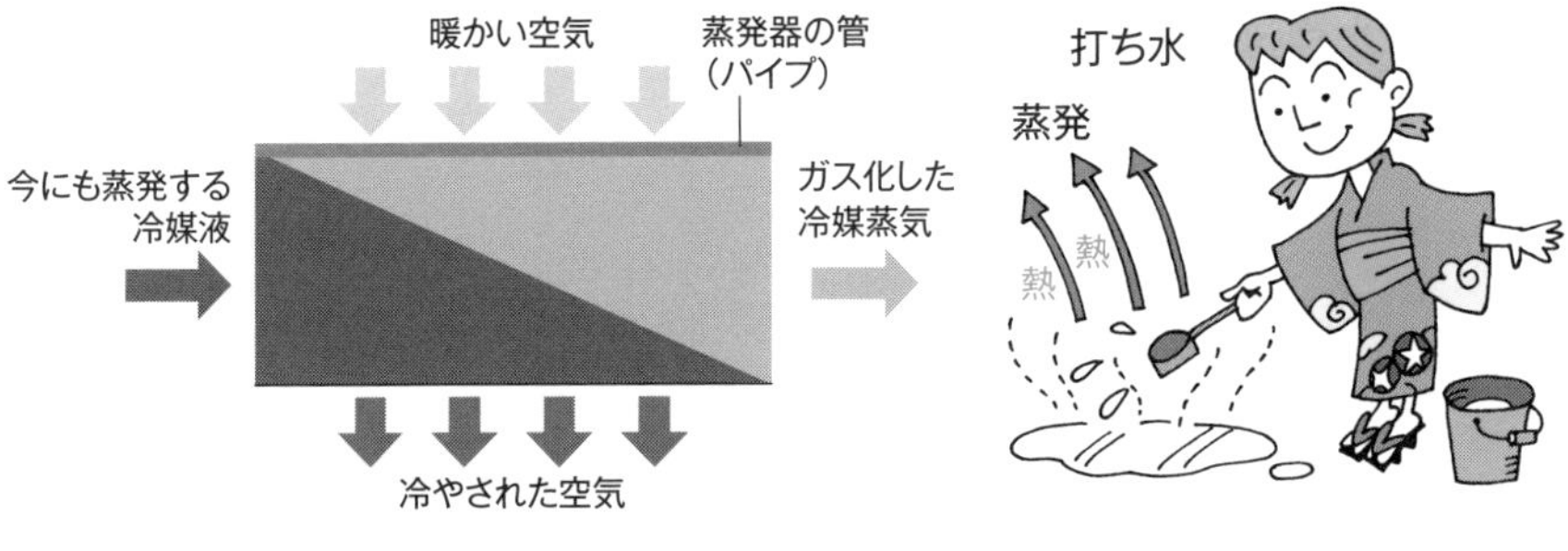

3 蒸発してガス化した冷媒は圧縮機で圧縮される

エアコンの内部では②

暖かい空気から熱を奪い蒸発した冷媒蒸気は、その後どうなるのでしょうか。

冷媒液が蒸発しガス化することで効率よく空気を冷やすことができるのですが、エアコンを連続して長時間運転するには、大量の冷媒液が必要になります。また、ガス化した冷媒蒸気を外に捨てるわけにもいきません。そこで、このガス化した冷媒をもう一度液に戻して再利用することを考えました。そのために必要なのが、圧縮機です。暖かい空気から熱を奪って蒸発した冷媒蒸気は、圧縮機に吸込まれます。圧縮機の中で、冷媒蒸気は圧縮され、その圧力が高くなり、冷媒の温度も高くなります。つまり高温・高圧の蒸気となり圧縮機から吐き出されます。

冷媒液が蒸発している時の冷媒の圧力と、圧縮機で圧縮された後の圧力は、冷媒の種類によって大きく異なりますが、2~3倍ほど高くなります。

最近使われているR32という冷媒は、蒸発圧力が1・0MPaで、圧縮後の圧力は2・8MPaとなり、約2・8倍になっています。冷媒の温度は、蒸発している時は、約5℃程度でしたが、圧縮機から吐出される冷媒の温度は100℃近くになる場合もあります。圧縮機で冷媒は温度も圧力も大きく変化します。

エアコンで電気を使う部品には、この圧縮機と空気を送り出すファンなどがありますが、圧縮機が一番電気を使う部品です。この圧縮機の性能がエアコンの性能を左右するとも言われています。ですから圧縮機は、「少しの電気で大きな能力を生み出す」(=効率が良い)ことが求められています。

この圧縮機には、いろいろな形式があります。エアコンが一般に普及し始めたころは、レシプロ式が主流でしたが、現在ではさまざまなタイプの回転式が主流になっています。現在でも圧縮機の開発は、効率の向上とコストの削減を追求して開発・改良の努力が積み重ねられています。

要点BOX

●蒸発した冷媒蒸気は、圧縮されることでエアコン内で再利用される
●エアコンの省エネ性は、圧縮機がキーポイント

回転式圧縮機の例

ロータリー式

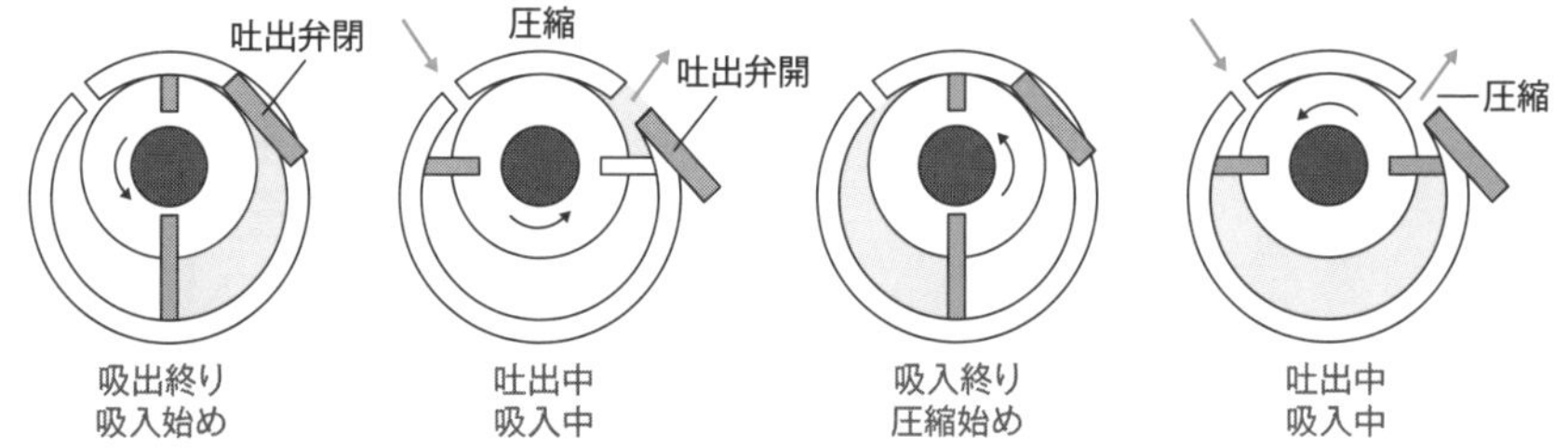

スクロール式

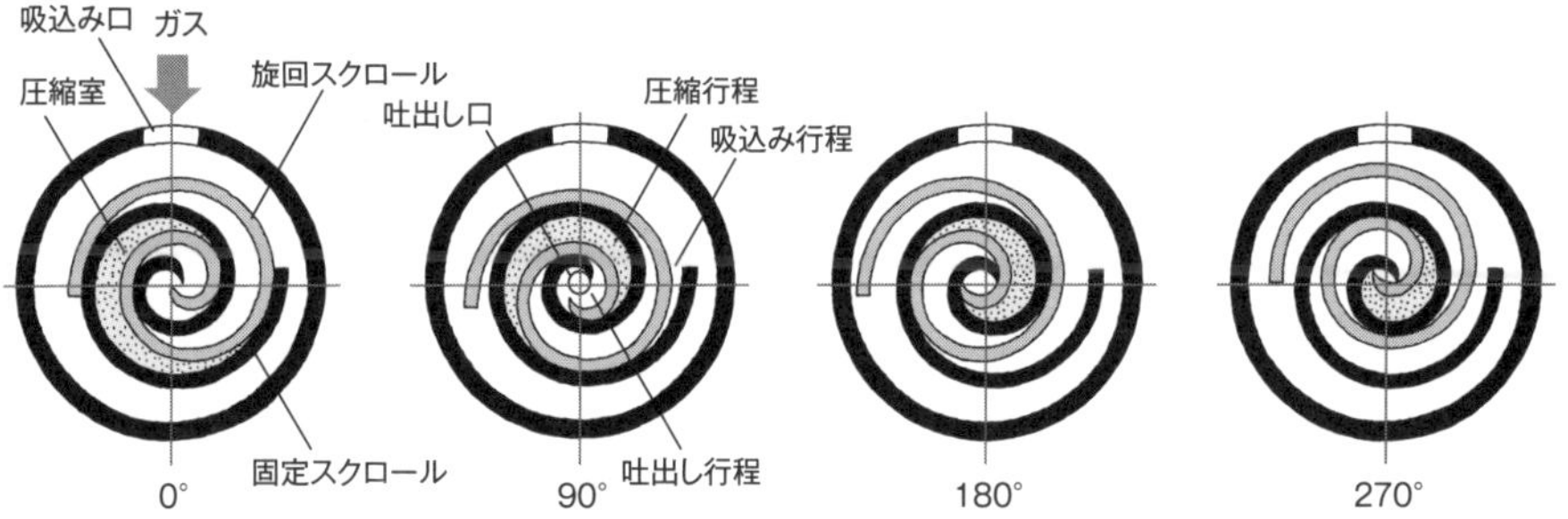

スクリュー式

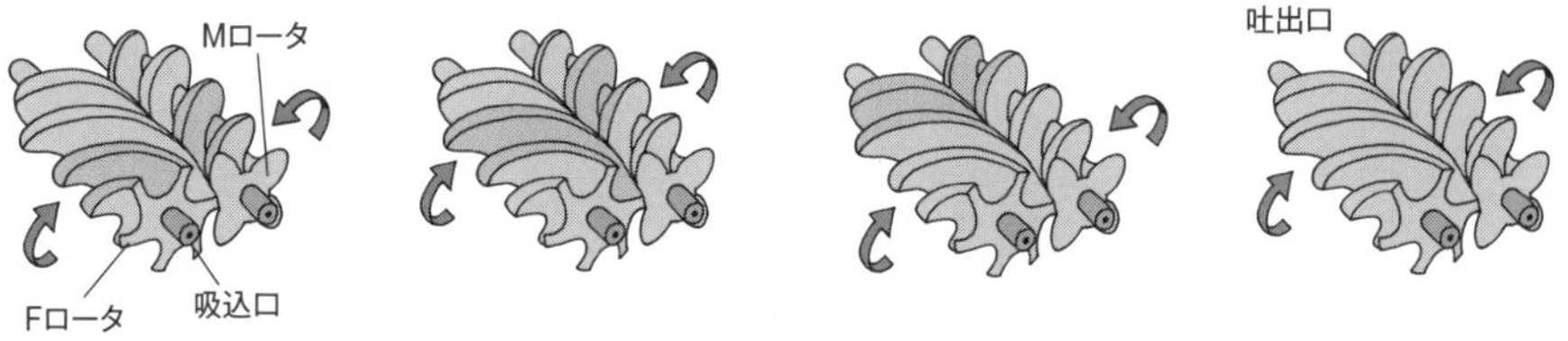

吸込
吸入口から冷媒が吸入

圧縮 Start
ロータの回転により冷媒が圧縮

圧縮 Finish
圧縮冷媒は軸方向へ移動しながら所定の圧力に到達

吐出
圧縮冷媒は吐出口から外へ押出

遠心(ターボ)式

羽根車の回転を使った遠心力により圧縮

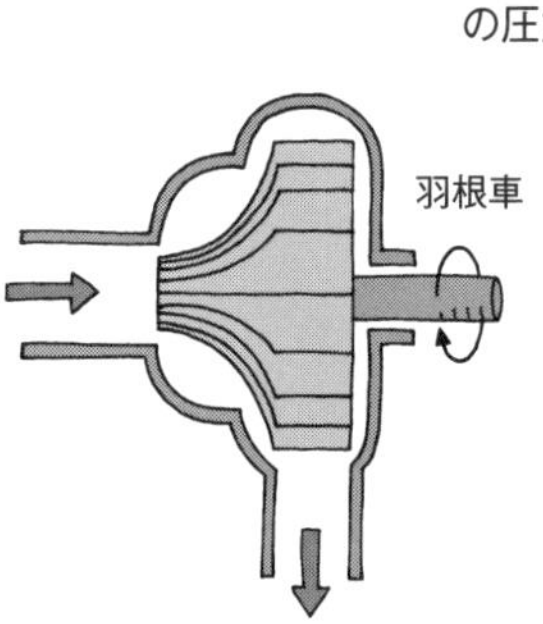

4 圧縮された冷媒蒸気は室外機で冷やされ液化する

エアコンの内部では③

蒸発器で部屋の中の暖かい空気から熱を奪って空気を冷やしましたが、奪った熱は冷媒が蒸発するために使われ、冷媒の中に移動しました。冷媒蒸気の中に移動した熱はその後どうなるのでしょうか。

冷媒蒸気は、その熱を持ったまま圧縮機で圧縮され100℃位の高温になっています。この圧縮され高温となった冷媒蒸気は、配管を通して、同じ室外機の中にある凝縮器という熱を交換する装置の中に入ります。

この凝縮器では、管の中を高温・高圧の冷媒蒸気が流れ、管の外はファンによって導かれた屋外の35℃位の空気が流れています。この凝縮器の管の中で、高温の冷媒蒸気は屋外の空気で冷やされ液化（凝縮）します。それはちょうど、寒い日、部屋の中が暖かいと窓ガラスに水滴がつく（結露する）現象と同じように、管の中で冷媒蒸気が液化していきます。凝縮器の管の最後の方では、冷媒蒸気は完全に液化しています。

このような冷媒蒸気が液化する現象の中で、室内の暖かい空気から奪った熱は、どこへいったのでしょう。

凝縮器の管の中の冷媒蒸気は、外の空気で冷やされるので、逆に外の空気は管の中の冷媒蒸気で加熱されることになり温度が上がります。さらに、蒸気が液化する時に大量の熱を放出します。その熱も外の空気に移動し、外の空気はさらに温度が高くなります。エアコンの室外機から外の空気よりさらに温度の高い風が吐き出されているのはこのためです。

つまり、室内の暖かい空気から奪った熱は、エアコンの冷媒を介して、外の空気に熱を吐き出したことになります。こうして部屋の空気の温度が下がり、外の空気の温度が上がる現象が起こるのです。

凝縮器の中では、冷媒蒸気が持っていた熱が屋外の空気に移動し温度が下がり、さらに冷媒蒸気は凝縮し液化します。

要点BOX

- 室内空気から奪った熱は、屋外に吐き出される
- 蒸発器に供給される冷媒液は凝縮器で作り出される

凝縮器の仕組み

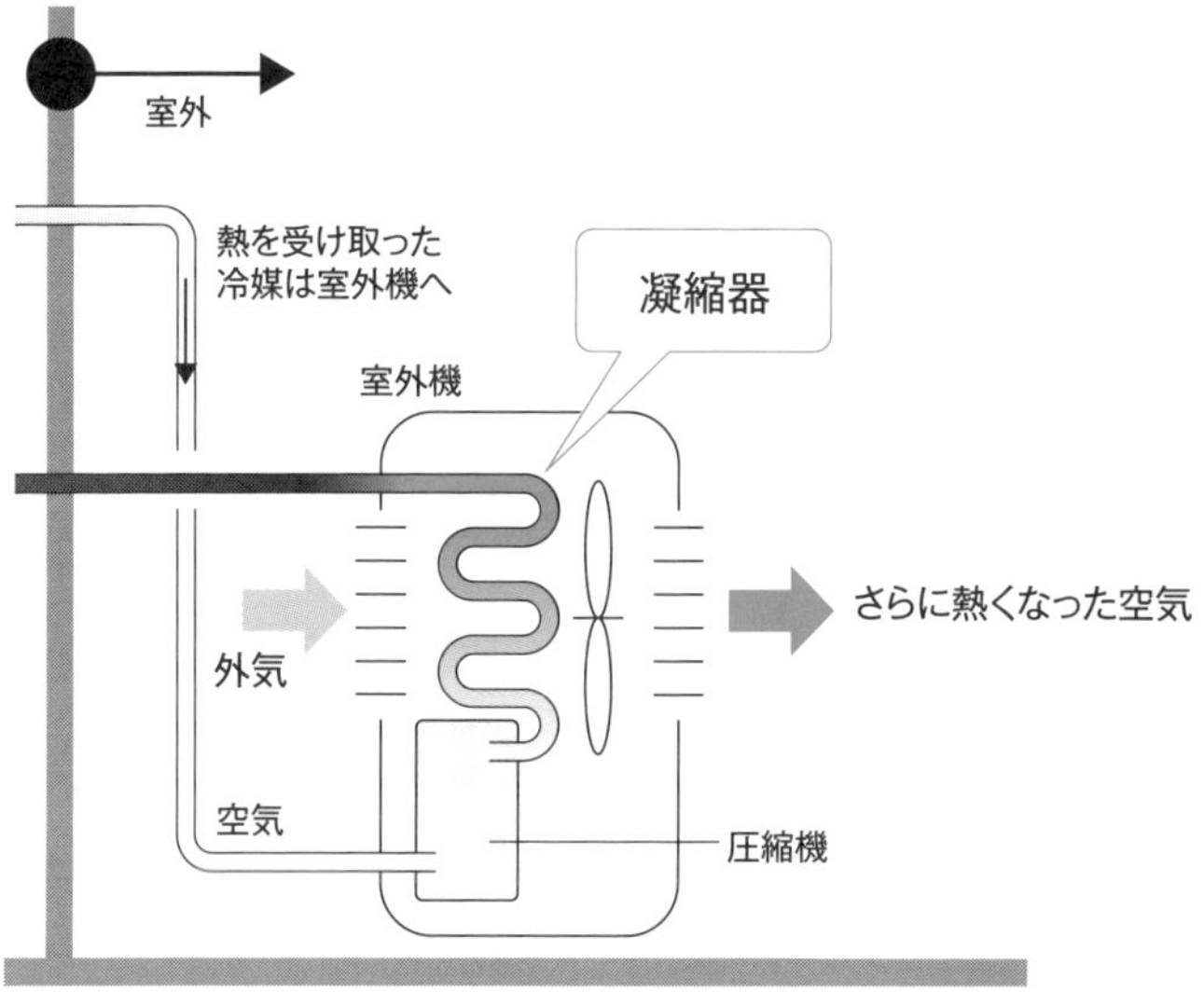

管の中での空気と冷媒

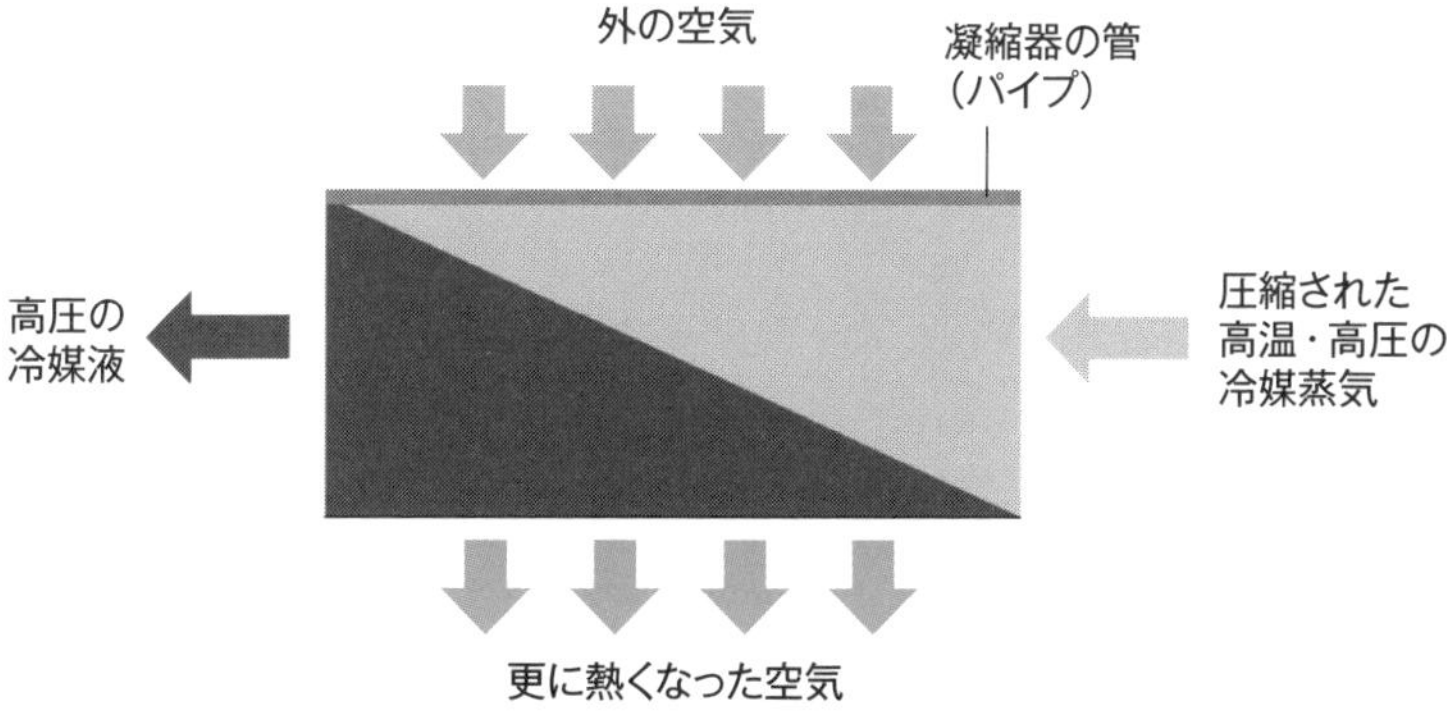

5 液化した冷媒は蒸発しやすいように低圧に減圧される

エアコンの内部では④

冷やされた空気がエアコンから吐き出されるのは、今にも蒸発しそうな冷媒液に室内の暖かい空気が持っている熱を移動させたからでした。

室外機の凝縮器で冷媒液が作り出されたのです。でもこの冷媒液は、圧縮機で圧縮された状態の圧力の高いものです。冷媒蒸気が熱を放出して液化しても圧力は変化しません。この圧力のままでは、室内の暖かい空気と熱のやり取りをしても冷媒はガス化することができません。それでは、どうすれば今にも蒸発しそうな冷媒液を作ることができるのでしょうか。水や冷媒が蒸発するときの圧力と温度について考えてみましょう。

気圧が、0・1MPaの地表面では100℃になると水は蒸発（沸騰）します。たとえば富士山の頂上3776m付近の気圧は地表面の3分の2程度になり、水は約86℃で沸騰します。もっと高いエベレストの山頂8848m付近の気圧は、地表面の3分の1程度で、水は約71℃で沸騰します。つまり圧力が低いと液体が蒸発する温度は低くなる性質があります。

エアコンの冷媒の種類によっても異なりますが、最近使われている冷媒R32では、圧縮機を出た後の圧力は約2・8MPa程度になっています。それを1・0MPa程度まで下げれば、冷媒液の温度が約5℃程度まで下がり、今にも蒸発しそうな状態になります。この圧力を下げる装置を膨張弁（減圧弁）と言います。

この膨張弁にはさまざまな種類や構造のものがあります。その基本的な構造を左図に示します。原理的には、広い通路から狭い通路を抜けるときに、圧力が低下し、さらに温度も下がる性質を使っています。

人工的に氷を作る装置にもこの原理が使われているものがあります。適度に水分を含んだ圧縮した高圧の空気を狭いノズルを通過させる（減圧する）ことで、水の温度が下がり氷を作ることができます。

要点BOX

- 高圧の冷媒液を減圧すると蒸発しやすい冷媒液になる
- 冷媒液が狭い通路を通ると圧力が下がる

膨張弁の仕組み

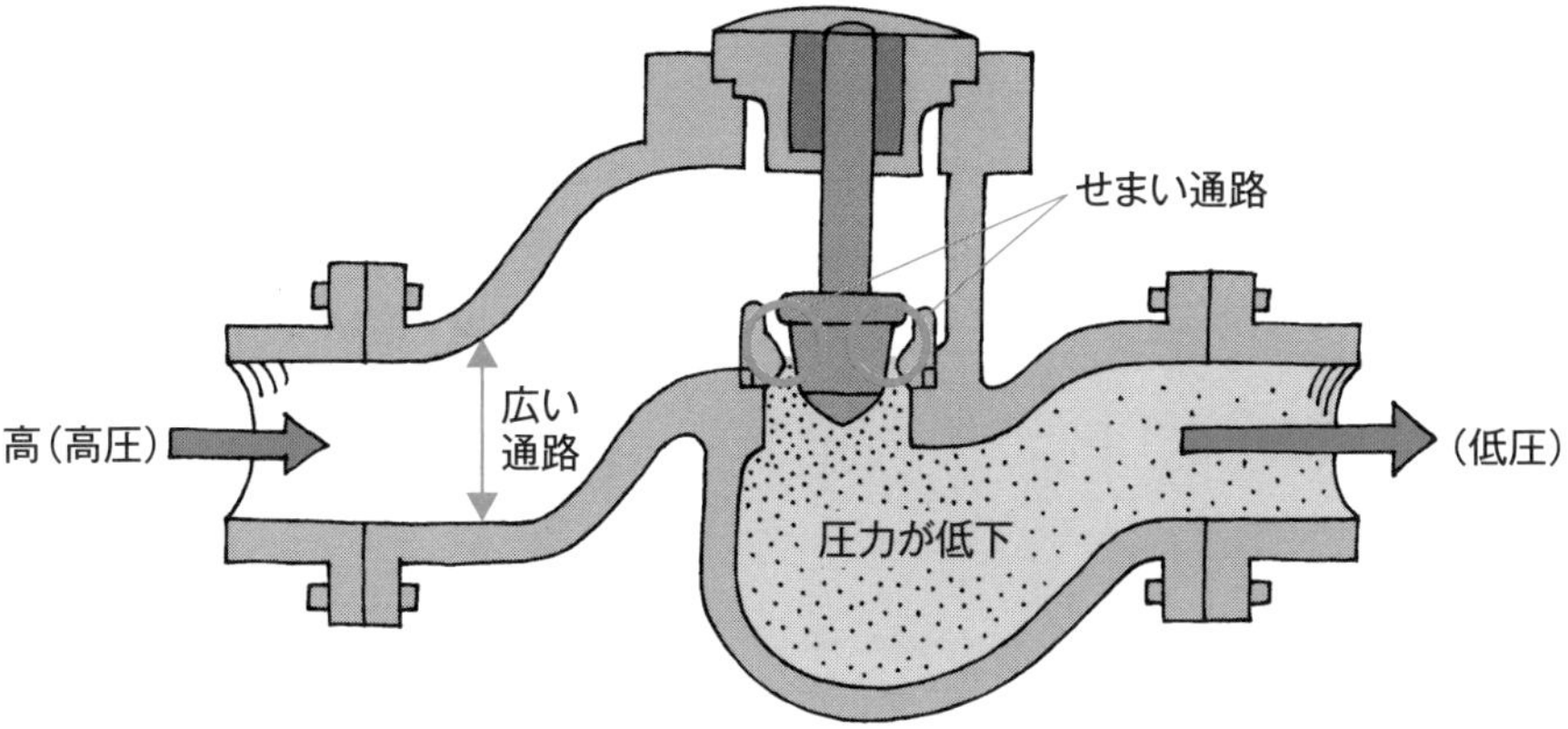
せまい通路
広い
通路
高(高圧)
(低圧)
圧力が低下

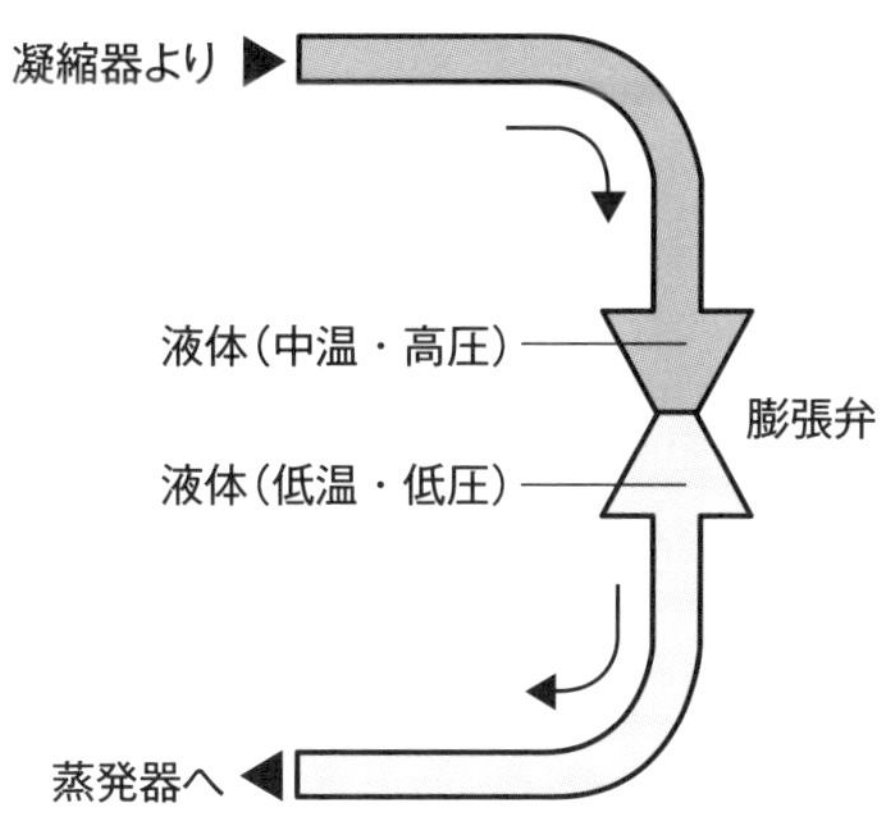
凝縮器より
液体(中温・高圧)
膨張弁
液体(低温・低圧)
蒸発器へ

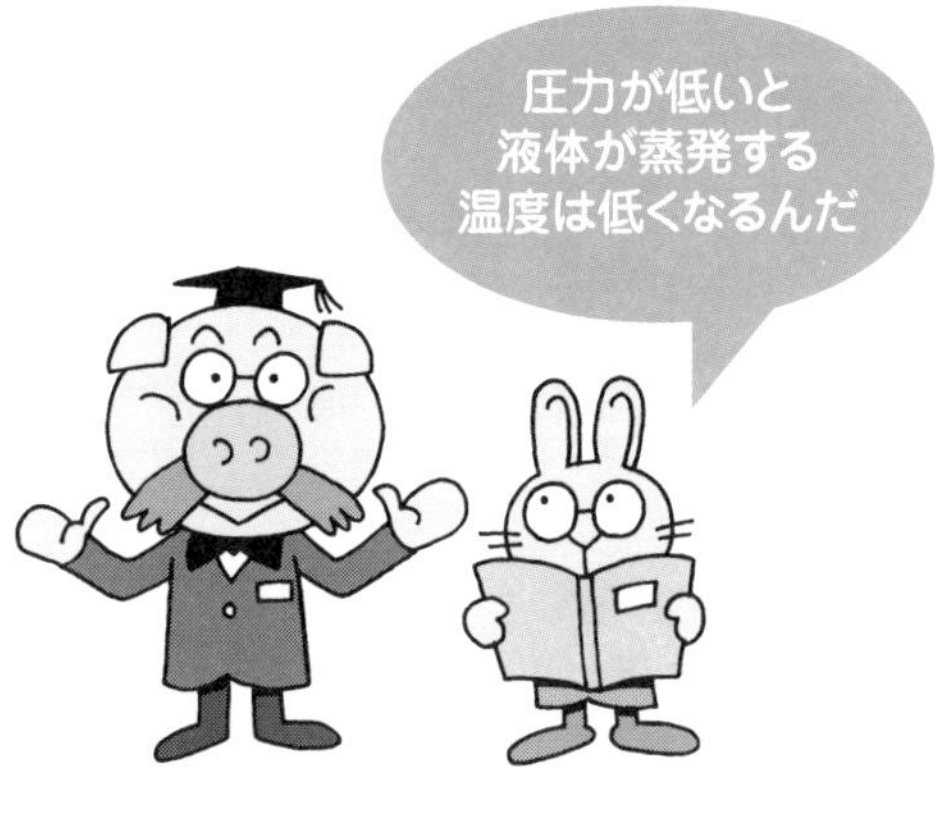
圧力が低いと
液体が蒸発する
温度は低くなるんだ

6 部屋の空気の熱が、屋外の空気に放出される

室内には冷たい空気、屋外には温かい空気

エアコン内部では、冷媒が 蒸発→圧縮→凝縮→膨張→蒸発 の行程で、周囲の空気と熱の移動を行っています。室内機では、部屋の中の暖かい空気から熱を取り、冷たい空気を吐き出します。一方室外機では、部屋の中の空気から取り出した熱を屋外の空気に移動させ外の空気を温めます。

このように熱を移動させることで、冷やしたり温めたりしています。熱が少なくなったもの（空気）は、冷やされることになり温度が下がります。逆に熱を受け取った側は温められ温度が上がります。

エアコンの冷房運転は、部屋の中の空気を冷やすことが目的です。では暖房運転では、どのような熱の移動が起こっているのでしょう。暖房運転の目的は部屋の中の空気を温めることです。そこで、屋外の冷たい空気から熱を奪い、その熱を室内の空気に与えることで暖房運転をします。つまり熱の移動が冷房運転時と逆になっています。

このように熱の移動で冷房（冷やすこと）や暖房（温めること）が行われています。しかしながら、熱が屋外と室内を直接行き来しているわけではありません。そこには、冷媒といわれる物質が熱の移動の仲介役をしています。

室内の空気の熱を冷媒に移動させることで、冷媒は熱を受取り蒸発してガス化します。ガス化した冷媒はその熱を持ったまま圧縮機で圧縮され高圧のガスになります。そのガスは、凝縮器の中で屋外の空気に熱を放出して液化します。その液化した冷媒液は、膨張機構で低圧になり、今度は蒸発しやすい冷媒液になります。この冷媒液が室内の空気から熱を受取ることで、冷媒液はガス化します。

このように冷媒が、蒸発→圧縮→凝縮→膨張→蒸発を繰り返すことを 冷凍サイクル（第1章10項）と言います。この冷凍サイクルの中で、空気の持っている熱が移動することで、冷房や暖房が行われます。

要点BOX
- ●冷・暖房は冷媒を介して熱の移動の結果
- ●冷凍サイクルは、冷・暖房や冷凍・冷蔵の基本

冷房運転時のサイクル

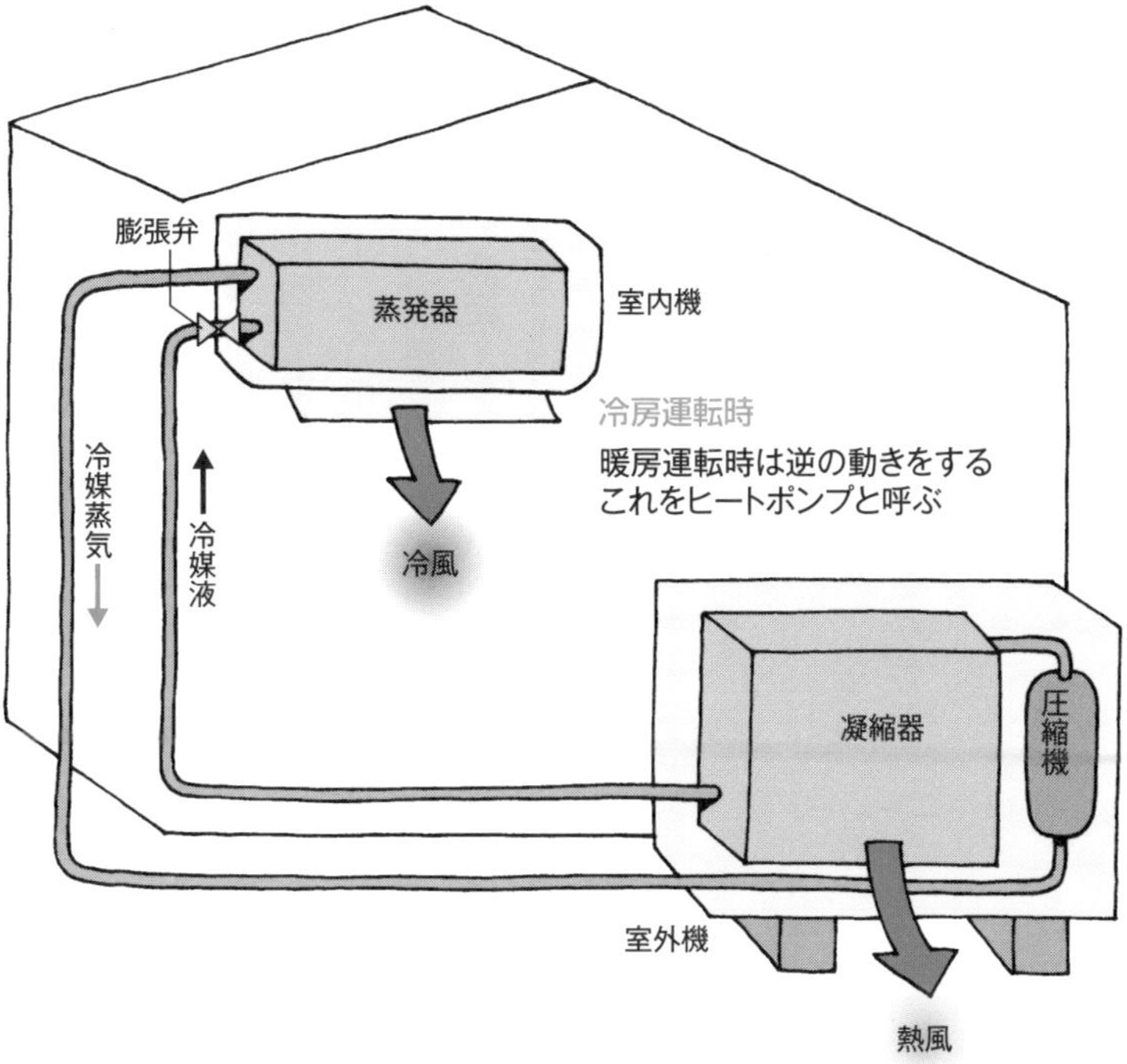

膨張弁
蒸発器
室内機
冷房運転時
暖房運転時は逆の動きをする
これをヒートポンプと呼ぶ
冷媒蒸気
冷媒液
冷風
凝縮器
圧縮機
室外機
熱風

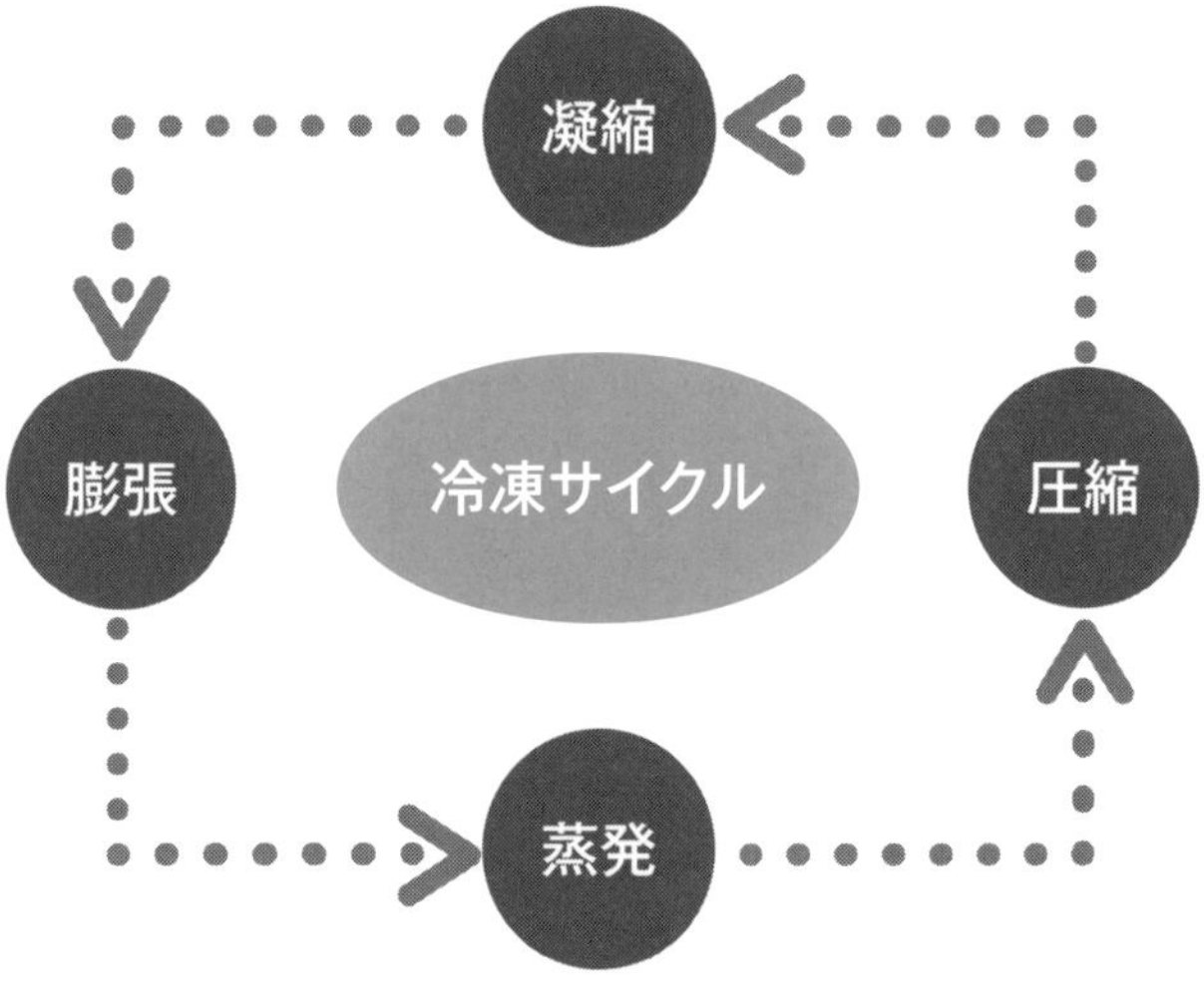

凝縮
膨張
冷凍サイクル
圧縮
蒸発

7 熱は温度の高いほうから低いほうへ移動する

熱と温度の見えない関係

左上図で示すように、フライパンの下からガスの炎で加熱すると、フライパンの上の食材に熱が伝わり、おいしく焼きあがります。食材にガスの炎が直接当たらなくても食材は十分に加熱されます。これは、ガスの炎が、フライパンの底面を加熱し、温度が高くなるからです。ガスをつけるまではフライパンの底面と上面とは同じ温度でしたが、ガスの炎で底面を加熱されたことにより底面の温度が高くなります。その結果、底面と上面で温度差ができてしまいます。フライパンの金属の中では、この温度差をなくそうと熱は温度の高い部分から低い部分へ移動し、上面も熱くなっていきます。ガスの炎で加熱され続けるとフライパンの金属の中で底面から上面に向かって連続的に熱が移動を続けます。

金属の中でも液体の中でも、そして空気のような気体の中でも、自然には、熱は温度の高い方から低い方へ、同じ温度になるまで移動を続けます。

家の中と外での熱の発生や移動は左下図のようになっています。最初は部屋の中と外の温度は同じでも、日中は部屋の壁の外側が太陽光や空気から熱をもらい温度が上昇します。そしてその熱は室内の空気へと移動し熱がたまり、室温が上昇します。非常に風通しの良い部屋では、室内に熱がたまらず、外とほぼ同じ温度になります。一方密閉された部屋では室温は外気より高くなっていきます。また、室内には熱を発生させる電化製品があり、人も活動することで熱を発生させています。それらも室内の気温を上昇させる要因になっています。このように熱が加えられたり、取り除かれたりしたときにその物質(部屋の中の空気)の温度は変化します。

同じ量の熱を加えても物質によって上昇する温度は異なります。ある物質の温度を1℃上げるのに必要な熱の量を比熱といいます。この比熱は物質の温度や空気の場合は湿度によっても異なります。

要点BOX
- ●自然では、熱は温度の高い方から低い方へ移動する
- ●温度を1℃上げるのに必要な熱の量は物質によって異なる

熱は高い方から低い方へ移動する

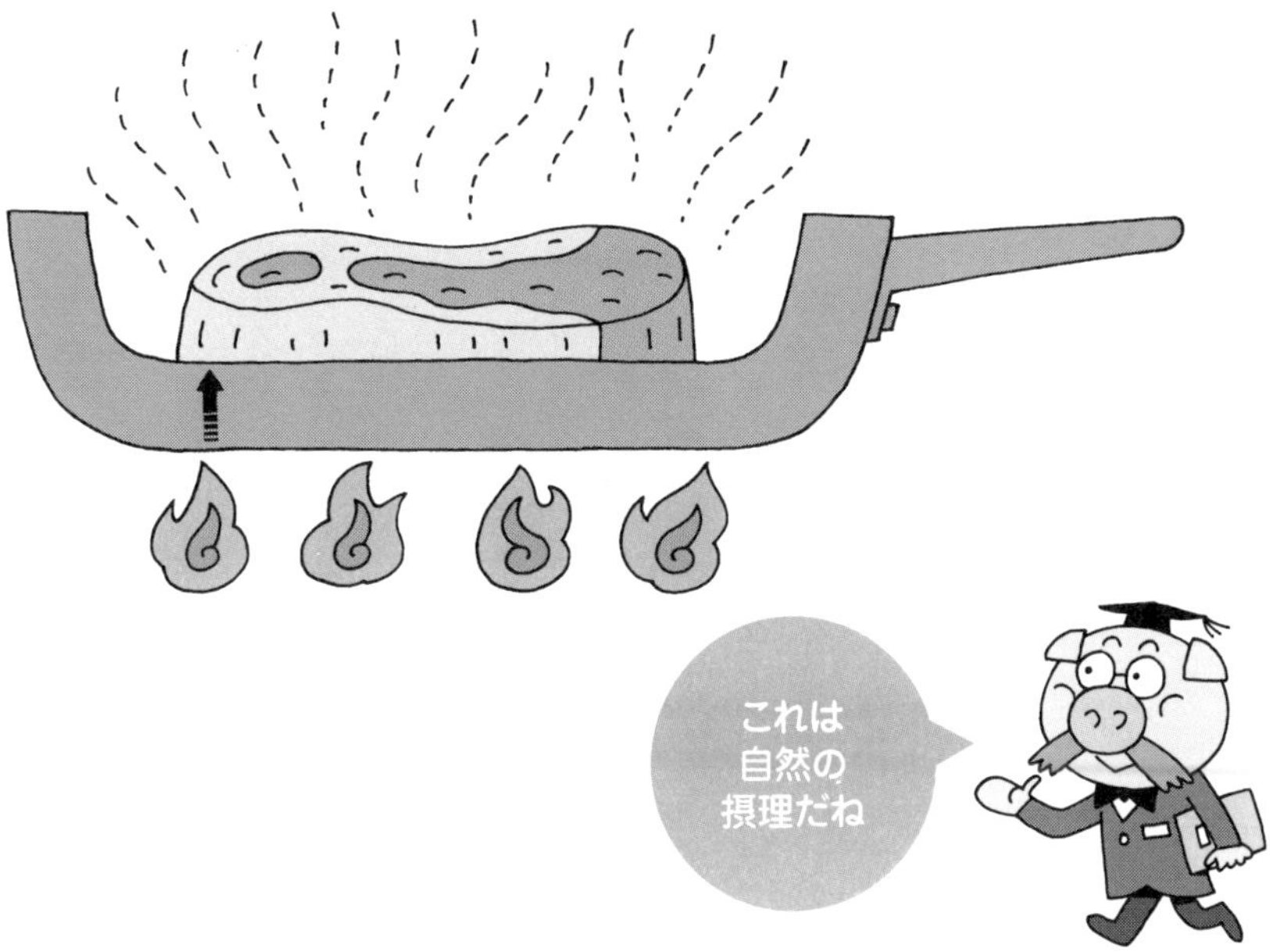

部屋の中の熱の発生と移動

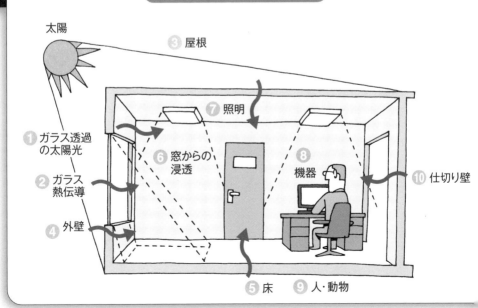

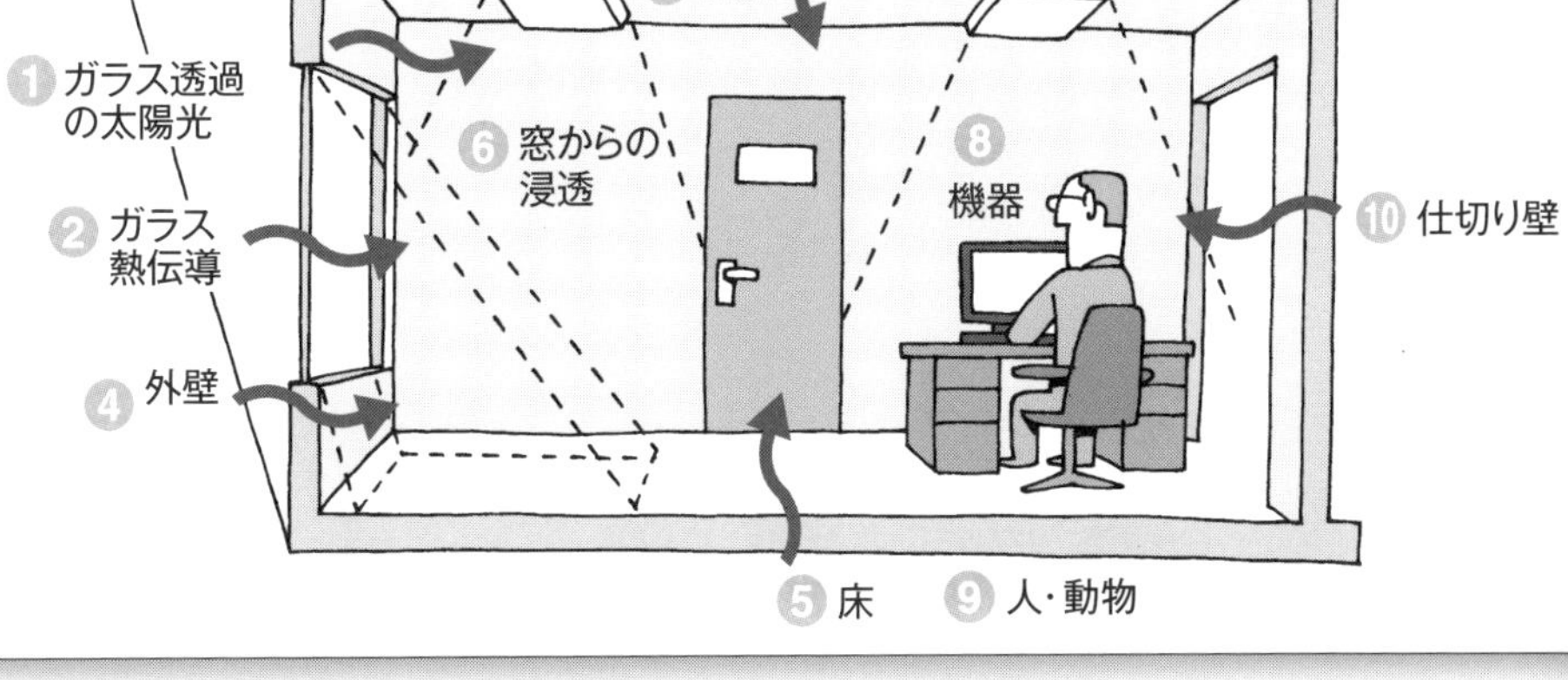

8 エアコンは熱を持ち上げるポンプの役割をしている

室外へ熱を移動させる（冷房）
室外から熱を移動させる（暖房）

リンゴが落ちるのを見て引力を発見したという逸話があります（これは事実ではないようですが）。自然のものは、高いところから低いところに、落ちたり流れたりします。リンゴもそうですし、液体の水も同じです。目には見えませんが、電気も電圧の高い方から低い方へ流れます。熱も同様で温度の高い方から低い方へ移動していきます。これが自然の法則というものです。

ところが、水を低い場所から高い場所へ送ることができる物があります。ポンプです。深い井戸からレバーを上下に動かすことで水をくみ上げます。一般的に、自然に反して低いところから高いところへ液体や熱を持ち上げるものを「ポンプ」と言います。

夏の暑い日の冷房運転時の状況をみてみましょう。屋外は気温35℃、部屋の中は冷房が効いて28℃位になっているとしましょう。

この状態でエアコンは運転を継続しています。部屋の中の空気から熱を奪って、屋外の空気に移動させることで、エアコンは冷たい空気を作り続けています。つまり、エアコンは、熱を室内の28℃の空気から取り出し、屋外の35℃の空気に移動させていることで、「ポンプ」の働きを行っています。

冬にエアコンで暖房運転を行う時、同じように温度の低い屋外空気から熱を奪い、温度の高い室内空気に移動させることで部屋の空気を温める暖房運転ができています。たとえば、外気が0℃で室内が20℃の状態でも、0℃の外気から熱を取り出し、20℃の室内空気に放出しています。冷房運転時よりもさらに大きな温度差がある場合でもエアコンではそれが可能です。この暖房運転のみをヒートポンプと呼ぶことがありますが、冷房運転時も熱をくみ上げていることは同じです。

要点BOX
●熱を低い所から高い所へ持ち上げることをヒートポンプという。エアコンは冷房・暖房運転共ヒートポンプの原理を活用している

ヒートポンプの概念

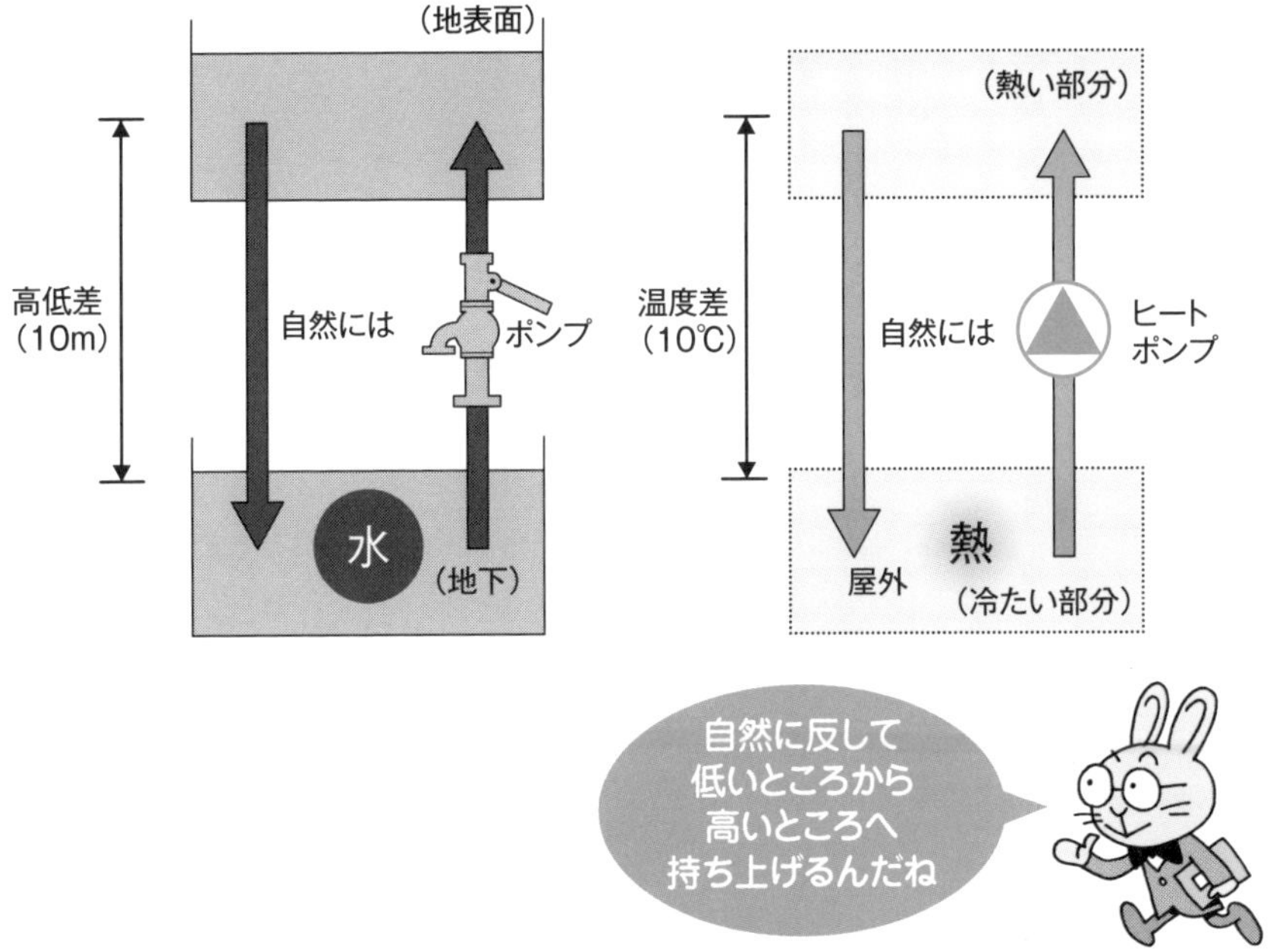

暖房運転のサイクル

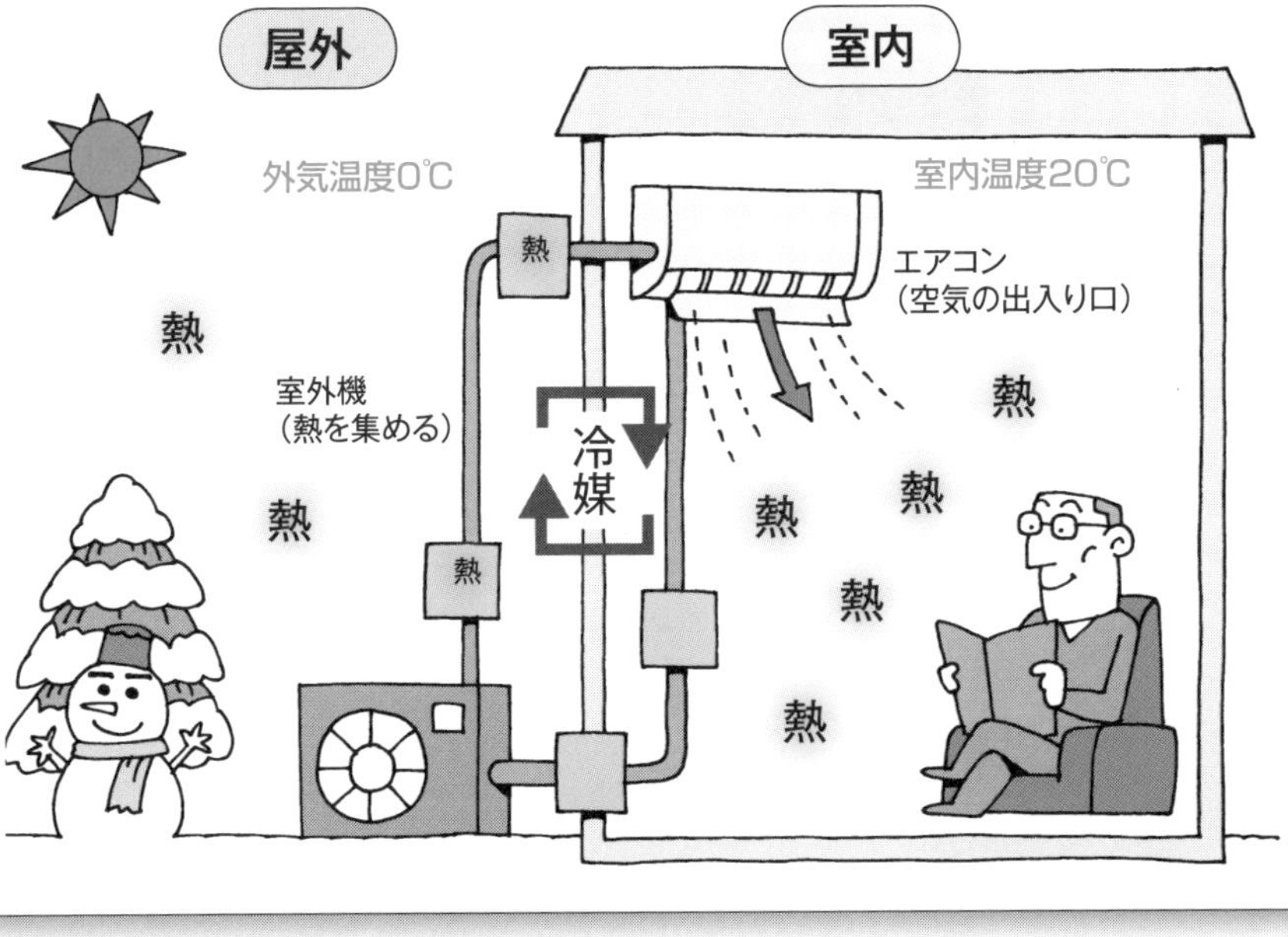

9 エアコンのウィークポイント

結露と霜、除霜対策が必要

冷熱や温熱を得るときのエネルギー効率（成績係数）が高いエアコンですが、圧縮機を設計条件の回転数範囲や温度範囲を超えた条件で運転すると、圧縮機の部品が壊れたり、冷媒や冷凍機油が劣化・熱分解して機能が低下したりします。

また、凝縮器や蒸発器などの熱交換器は、伝熱性能を向上する目的でフィン（銅やアルミニウムなどの金属製薄板）が細かい間隔で取り付けられています。このフィンや伝熱管に汚れや霜が付くと、その周りを空気が流れなくなり、そのために伝熱性能が落ちて、冷凍サイクルの性能が低下します。これを防ぐために、汚れやほこりの付着防止のためのフィルターやそれを掃除する機構（お掃除ロボット）、さらには、空気をイオン化して汚れやほこりを付きにくくする工夫が施されています。

エアコンでは冷房時に室内側にそれぞれ設置される熱交換器や、エアコンの暖房時（ヒートポンプ）や給湯器で室外に設置される熱交換器（蒸発器）は、湿度が高いと空気中の水分が水滴となって付着しやすくなり、この水滴が伝熱性能を低下させます。さらに、これらの熱交換器の表面温度が氷点下になると付着していた水滴が凍結したり、雨や雪が凍ってフィンの間に霜が付きます。霜が大きくなると空気が流れなくなり、その結果、サイクルの性能が大幅に低下します。

この霜を取り除く（除霜）ために、冷凍サイクルを止めて霜が解けるのを待ったり、霜に水やお湯を掛けたり、圧縮機の熱を蓄熱材などに蓄えておいて霜を溶かしたりします。また、冷凍サイクルの運転モードを切り替えて蒸発器を凝縮器に入れ換えて、霜が付いた熱交換器の温度を上昇させたりして霜を強制的に溶かします。あるいは、フィンの間隔を広げたり、フィンに特殊な素材を使用したりして水滴が付きにくくします。これは冷凍機でも同じです。

要点BOX

●エアコンは霜や結露に弱く、対策しないと冷凍サイクルの性能が低下する

結露、霜などへの対策

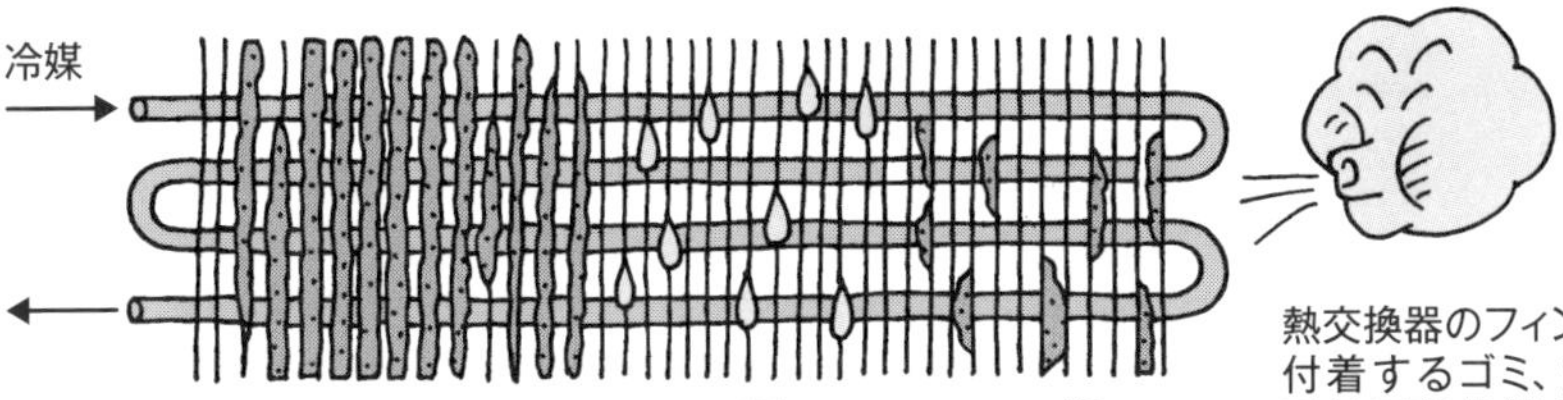

熱交換器のフィンに付着するゴミ、露、霜は電熱性能を低下させる

除霜方式

除霜まで電源オフ
（サイクル停止）

散水で溶かす

電気ヒータで溶かす

エアコンの場合

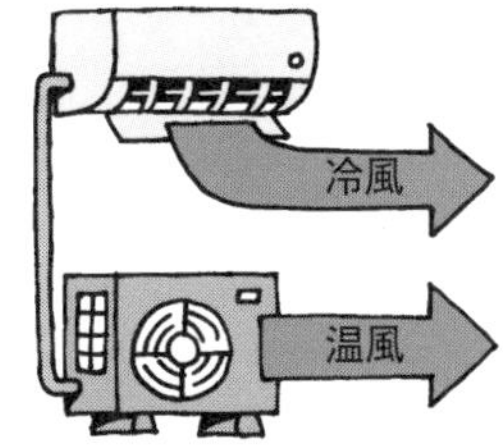

暖房モードを冷房モードにして室外機を暖めることで、室外機の霜を溶かす

冷凍機の場合（ホットガスデフロスト）

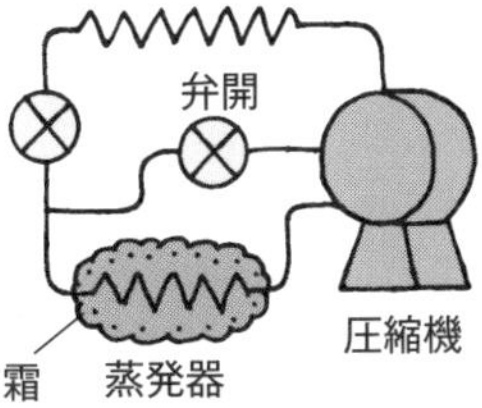

圧縮機出口への高温ガスを蒸発器に流して溶かす

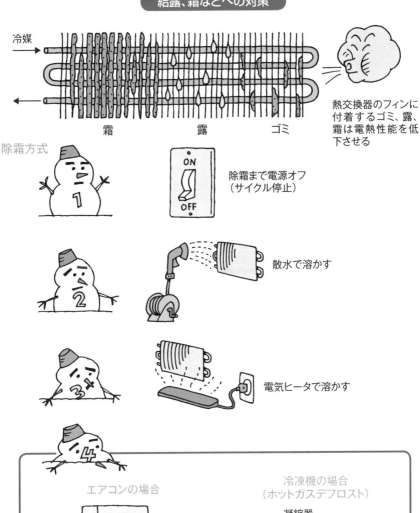

10 エアコンの運転状態がわかる魔法の線図

p－h線図とは？

冷凍サイクルにおける冷媒の状態は、運転時の条件によってさまざまに変化します。そこでさまざまな条件下での冷媒の状態を、1枚の線図に描くことによって、各部の状態や数値を知り、またその数値を使って能力計算や運転状況の判断に応用することができる、そういう線図をp－h線図と言います。

縦軸に圧力、横軸に比エンタルピー（冷媒1kgが持つエネルギー）をとり、この線図上に、温度、乾き度、比体積、エントロピーを直線・曲線で表示しています。さらに、冷凍サイクルの　圧縮－凝縮－膨張－蒸発の各過程を線で描くことができます。そして、運転状態の冷媒の各部の温度、圧力を計測し、p－h線図上にプロットすることで運転状態がわかり、各点の値から能力や消費動力などを計算で求めることができます。

左上図で、飽和液線より左側の状態は液相で左側に行くほど温度は低くなります。

次に飽和蒸気線より右側の状態は蒸気（気相）で右側に行くほど温度は高くなります。飽和液線と飽和蒸気線の間の状態は、液と蒸気が共存する状態で、湿り蒸気といいます。温度はそれぞれの領域で全く違った変化をします。

p－h線図に冷凍サイクルの各過程を描くと左下図のようになります。①は冷媒がガス化して圧縮機に吸込まれる状態　②は吸込まれた冷媒蒸気を圧縮した後の状態　③は圧縮された冷媒蒸気を液化しさらに少し温度が下がった状態　④は冷媒液を膨張（減圧）させ蒸発させる直前の状態を示しています。

冷却熱量（能力）は、（①の状態と④の状態の比エンタルピー差）×（冷媒が流れた量）で求めることができます。エアコンの動力は、（②の状態と①の状態の比エンタルピー差）×（冷媒が流れた量）で求めることができます。このようにp－h線図からいろいろな性能計算をすることができます。

要点BOX
●冷凍サイクルでの冷媒の状態が一目でわかるp－h線図。省エネ運転も異常運転もp－h線図を使いこなせば空調のプロに！

P-h線図上の各要素

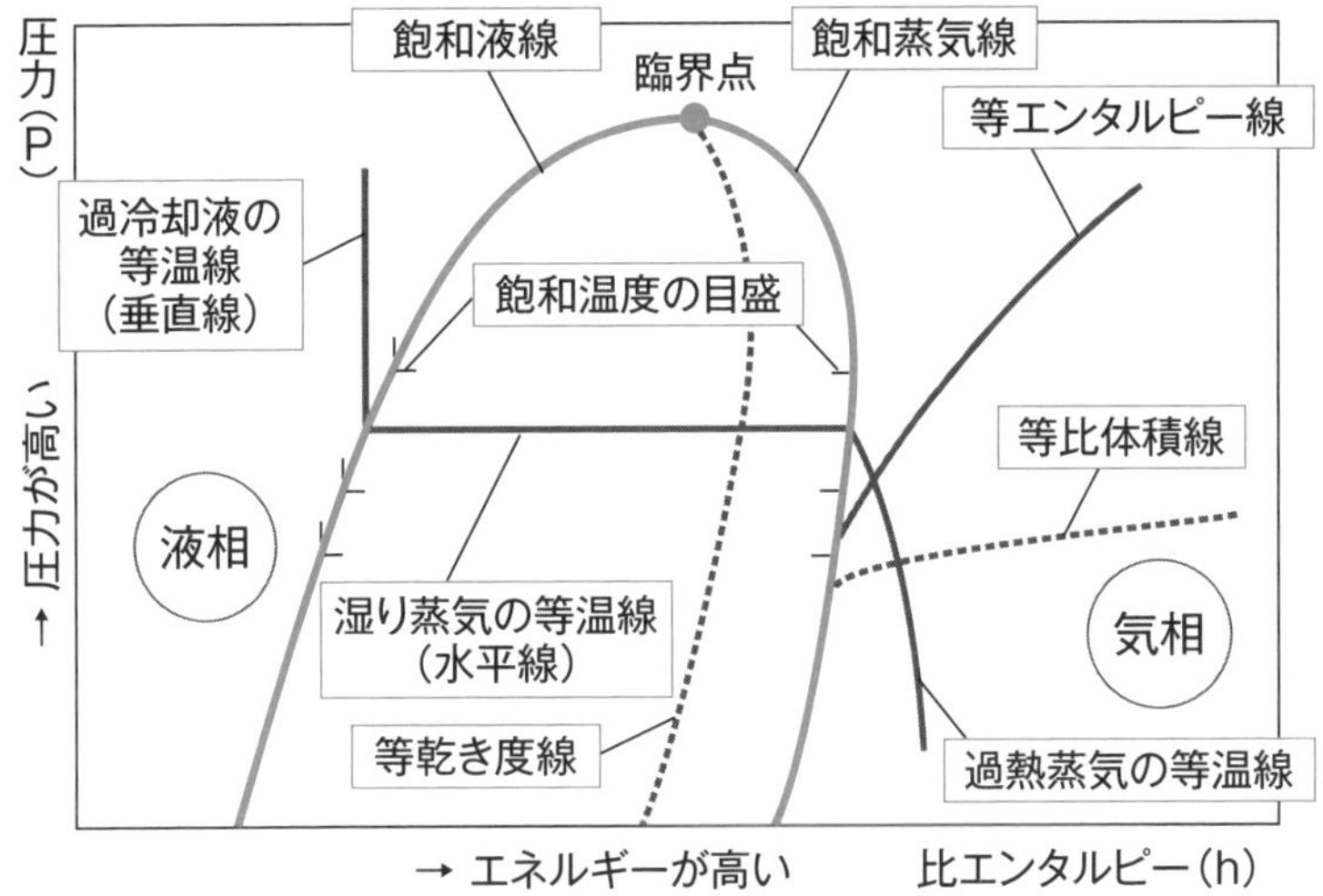

P-h線図上の冷媒サイクル

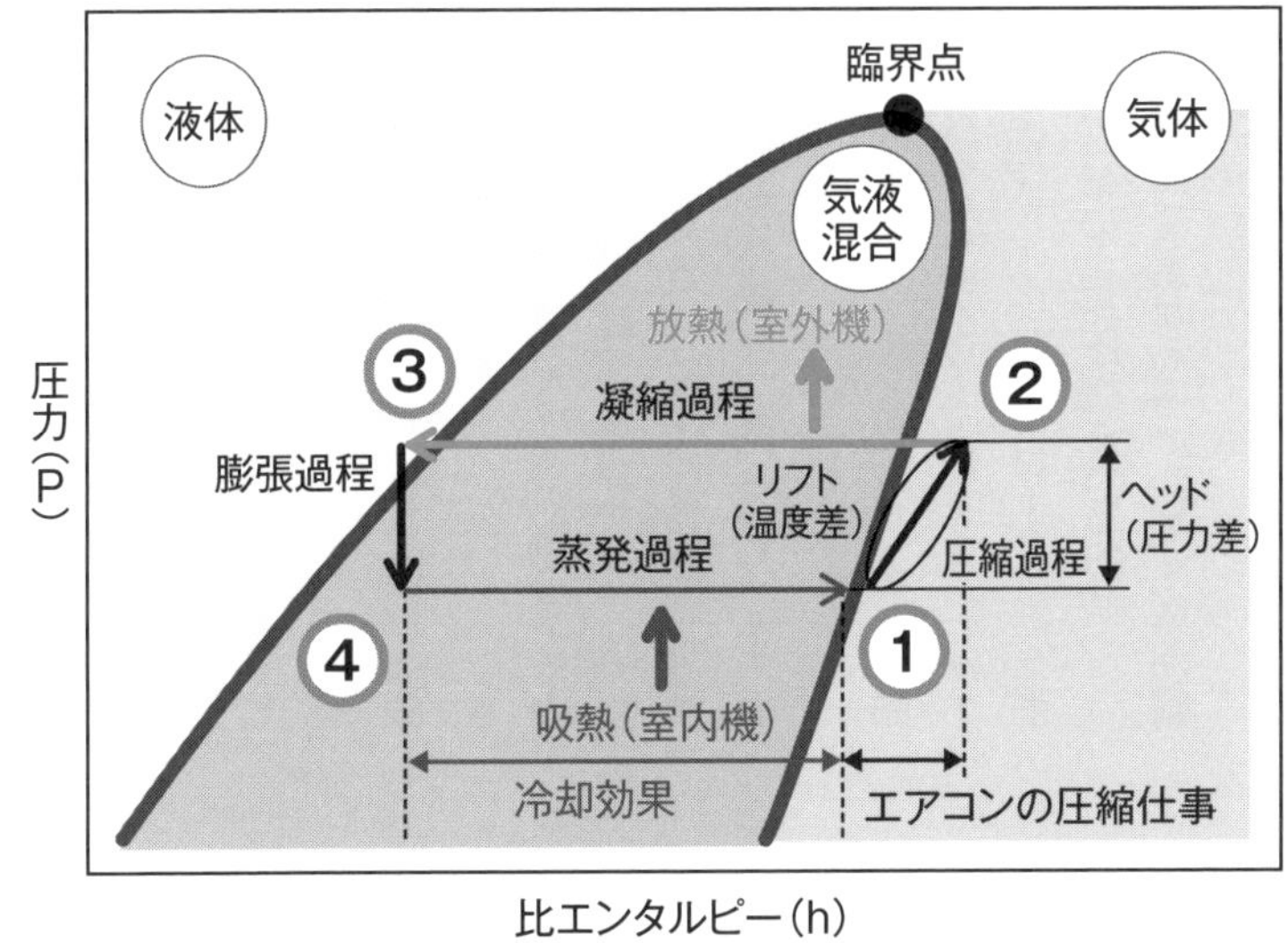

11 エアコンの心臓部は、圧縮機だ

エアコンの性能は、圧縮機で決まる

エアコンは熱を低い所から高い所へ移動させることで冷房・暖房運転を行っており、これは自然に起きる現象ではありません。それを可能にしているのが圧縮機です。圧縮機はエアコンの心臓部であり、エアコンの性能を決定する最も重要な要素(部品)です。圧縮機は多くの場合、電気式のモーターで駆動されます。圧縮の方式の違いで、左表に示すようにいろいろなタイプがあります。また用途によって使用する圧縮機の容量が異なってきます。最近は各容量で回転式のタイプが主流になっています。

エアコンの性能の中で重要な指標が、エアコンの運転に必要な電気容量(入力kW)と冷房能力(出力kW)の比率で、COPと呼ばれる成績係数です。COP=(冷房能力)/(電気容量)で計算されます。家庭用エアコンのCOPは、およそ4程度ですが、これは電気の入力を1としたとき、4倍の冷房能力が得られることを表しています。

各タイプの圧縮機の圧縮方式は次の通りです。

① 往復式圧縮機：このタイプには、ピストン式と斜板式があり、シリンダー内においてピストンの往復動により、冷媒蒸気を圧縮する方式

② ロータリー式圧縮機：回転運動する回転子とシリンダーとの組み合わせにより圧縮する方式

③ スクロール式圧縮機：固定スクロールと旋回スクロールにより形成された密閉空間が、両スクロールの回転運動により圧縮する方式

④ スクリュー式圧縮機：このタイプには2軸式と1軸式があります。両方式ともスクリューローターとケーシング、1軸式の場合はさらにゲートローターとで形成される密閉空間が回転により圧縮される方式

⑤ 遠心式圧縮機：冷媒蒸気が高速で回転する羽根車を通過することで圧縮する方式

左表に、各タイプの圧縮機の容量範囲や主な用途が示されています。

要点BOX

- 圧縮機の性能は、いかに少ない電気で大きな能力を出すかで決まる
- 用途・容量別に最適な圧縮機のタイプがある

圧縮機の分類

区分			形態	密閉構造	駆動容量範囲 [kW]	主な用途	特徴など
容積式	レシプロ(往復式)	ピストン・クランク式	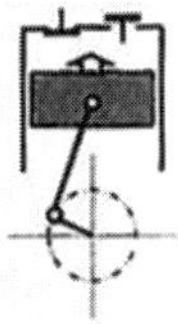	開放	0.4～120	冷凍冷蔵倉庫、ヒートポンプ、車載用エアコン	使いやすい、機種豊富、小・中容量に適している
				半密閉	0.75～45	冷凍、エアコン、ヒートポンプ	
				全密閉	0.1～15	家庭用冷蔵庫、ショーケース、製氷機、エアコン	
		ピストン・斜板式	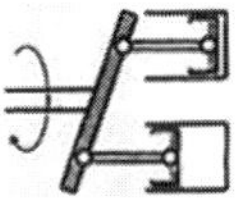	開放	0.75～2.2	カーエアコン	カーエアコン専用 容量制御容易
	ロータリー式	ローリングピストン式	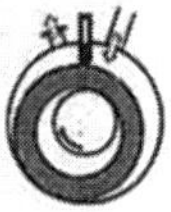	全密閉	0.1～10	小形冷凍機、ショーケース、ルームエアコン、パッケージエアコン、給湯、ヒートポンプ、冷蔵庫	小容量、高速化 大容量にはツインピストン式が用いられる
		ロータリベーン式	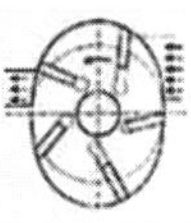	開放	0.75～2.2	カーエアコン	容量に対して小形
				全密閉	0.6～5.5	電気冷蔵庫 エアコン	
	スクロール式		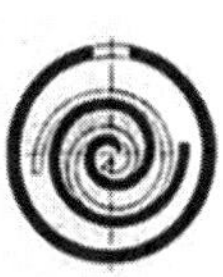	開放	0.75～2.2	カーエアコン	
				半密閉	0.75～2.2	EV車用エアコン	
				全密閉	0.75～20	ルームエアコン、パッケージエアコン、ビル用マルチエアコン、チラー、冷凍、給湯、ヒートポンプ、冷凍冷蔵倉庫	小容量、高速化 冷凍や給湯ではエコノマイザ式が使用される
	スクリュー式	ツインローラー	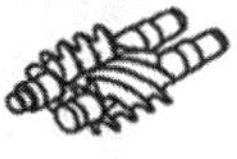	開放	20～1800	冷凍、中規模・大規模ビル空調、ヒートポンプ、車載用エアコン	遠心式に比べて、高圧力に適しているため、ヒートポンプ、冷凍に多用される。小容量のものは半密閉化が進む
				半密閉	30～300	冷凍、中規模ビル空調、ヒートポンプ、チラー	
		シングルローラー	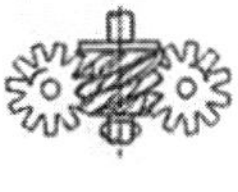	開放	100～1100	冷凍、中規模・大規模ビル空調、ヒートポンプ	
				半密閉	22～600	冷凍、空調、ヒートポンプ、エアコン	
遠心式				開放	27～10000	冷凍、、中規模・大規模ビル空調、大型冷蔵倉庫	大容量に適している。より高い圧力比を確保するために二段が用いられる
				半密閉			

Column

人の健康、勉強や仕事の効率と空調の関係

人は、体温を一定に保つために、体内から体外への熱の放出を調節する機能を有しています。普段感じることはありませんが、皮膚や気道粘膜から常時水分が蒸発しています。外気温度が高い環境下では、体温の上昇を防ぐために、人は皮膚の汗腺より汗を積極的に分泌しています。それを蒸発させることで人体の熱を奪い、体外に熱の放出を促し、体温の異常な上昇を防いでいます。また、高齢者は若年者と比べて体温調節機能が低いため、高齢者の方が熱中症になりやすいと言われています。

人が健康で活力にあふれた状態で、勉強や仕事に打ち込むためには、人が本来持っている機能だけでは十分でない状況が現代社会では多くあります。その一つである作業空間の空気質の改善について、一定の法整備がされています。

「建築物における衛生的環境の確保に関する法律」(通称ビル管法)で定められた、浮遊粉じん量や一酸化炭素、二酸化炭素などの濃度を規定値以下にするため、また温度・湿度や風速を基準値に合致するように空調器などで制御・監視をしています。具体的には、高性能なフィルターで微細な粉じんや化学物質を除去しています。また、有害なガスの濃度の上昇や湿度の低下(乾燥度合い)に対しては、換気回数の増加で新鮮な外気の導入や加湿装置の設置で対応しています。室内の温度設定に関しても外気温度との差異が7℃を超えないで、17℃から28℃の範囲で設定されています。また吹き出す空気の風速が、0・5m／sを超えないようファンの回転数で制御しています。

法で定められた基準値の順守だけでなく、作業空間における室内の空気の質が作業効率や学習効率に大きな影響を与えていることがわかっており、その定量化が試みられています。部屋の室温を変化させたとき、気温が高いほど作業能力は低下したと報告されています。これらの多くの研究の結果、室内温度や換気回数が作業効率に影響を与えていることは明白で、それを定量化する試みがなされています。また、室内の環境の質が作業効率や生産性に大きな影響を与えていることが判明してきました。そのため、作業空間における個人の作業効率の向上が企業の経営に大きな利益をもたらすので、企業は作業効率を最大化するための作業空間あるいは空気の質の提供が重要になっています。

第2章

身の回りの冷凍空調技術

12 空調の目的は、空気の質を良好に保つこと

快適性を求めて①

人が快適に過ごすためには、その空間の熱・温度等の環境が大きな影響を与えています。そしてその空間が快適であるかの総合的な評価として多くの指標が提案されています。最近では、人体の快適性に影響を与える6要素（温度、湿度、平均放射温度、平均風速、活動量（代謝量）、着衣量）が組み込まれている指標が多く採用されています。

これらの評価指標は、省エネルギー、環境保全、快適性という言葉をキーワードとしながらあるべき空調空間を実現しようとしています。そして、法的に規制された評価基準とともに、快適性に関する評価基準をも勘案しながら将来のあるべき空調空間についての各種の考え方が提案されています。

人が健康で快適に暮らし仕事をするためには、家庭や職場において〝空気質（ＩＡＱ：Indoor Air Quality）〟を適切な状態に維持し、向上させることが大切です。空調機器はこの快適なＩＡＱを作り、維持することが目的です。このＩＡＱに関して定めたガイドラインの中では、重要な要素として3つの因子を定めています。

- ●化学因子：一酸化炭素、二酸化炭素、浮遊粒子状物質（ＰＭ10、ＰＭ2・5など）、ホルムアルデヒド、ニコチンなど
- ●生物因子：臭気、真菌（カビ）、細菌など
- ●物理因子：温度、湿度、気流など

日本ではこのＩＡＱに関連して、床面積3000平方メートル以上の大型ビルに対して、『建築物における衛生的環境の確保に関する法律』（左表上）で、その基準値の達成のために空調設備を維持管理することを定めています。

また、空気環境の維持のため事務所を一例として、「事務所衛生基準規則」を省令として決定しています（左表下）。

要点BOX

●空気の質を維持・向上させることが空調機器の目的であり快適な空調空間の実現には、温度・湿度以外にもさまざまな要素がある

建築物における衛生的環境の確保に関する法律

項目	基準値
浮遊粉じん量	$1m^3$につき0.15mg以下
一酸化炭素濃度	10ppm以下
二酸化炭素濃度	1,000ppm以下
温度	17-28℃(冷房時の居室は外気との温度差を7℃以下とすることが望ましい)
相対温度	40-70%
気流	0.5m/s以下

快適性に影響を与える要素

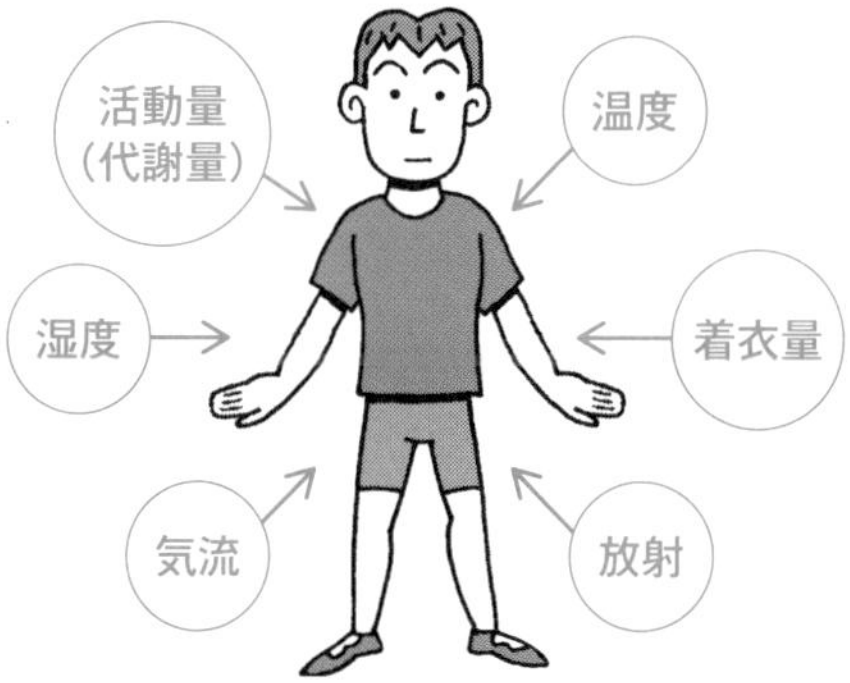

事務所の空気環境の基準「事務所衛生基準規則」

項目					基準
事務室の環境管理	空気環境	室内空気の環境基準		一酸化炭素	50ppm以下とすること
				炭酸ガス	0.5%以下とすること
		温度		10℃以下のとき	暖房などの措置を行うこと
				冷房実験のとき	外気温より著しく低くしないこと
		空気調和設備	供給空気の清浄度	浮遊粉じん量(10μm以下)	$0.15mg/m^3$以下とすること
				一酸化炭素	10ppm以下とすること
				二酸化炭素	0.1%以下とすること
				ホルムアルデヒド	$0.1mg/m^3$以下とすること
			室内空気の基準	気流	0.5m/s以下とすること
				室温	17℃以上28℃以下になるように努めること
				相対温度	40%以上70%以下になるように努めること
		機械換気設備	供給空気の清浄度	浮遊粉じん量(10μm以下)	$0.15mg/m^3$以下とすること
				一酸化炭素	10ppm以下とすること
				二酸化炭素	0.1%以下とすること
				ホルムアルデヒド	$0.1mg/m^3$以下とすること
			部屋の気流		0.5m/s以下とすること

13 輻射冷暖房、潜顕分離、人感センサー

快適性を求めて②

快適な空調空間を創るためには、さまざまな要素での工夫が必要になります。たとえば、対象となる空間がどのような状態にあるのか、また空調の対象となる人や物がどういう状態にあるのかなどの実態を正確に把握するセンサー技術が重要になります。次に、その空間の空調目標との差異や空調機などの出力の度合いを演算する機能が必要になります。そして、実際に与えられた空間を最適な状態にするための機器に関して工夫が求められます。

センサー技術の進歩には目を見張るものがあります。人感センサーは、人が発する遠赤外線を検知し人がいるかどうかを判断します。それを利用し、エアコンの運転を自動で制御することができます。センサー技術はこれからもますます進化していくでしょう。単に人がいるかいないかだけでなく、体表面温度を検知し、その状況に適した空調を提供することができるようになるでしょう。

エアコンのように冷たい空気を作って冷房する以外にも、別の方法で冷房する方法があります。冷房するための熱の伝わり方の一つにふく射式という方式があります。これは、高温の物体の表面から低温の物体の表面に、その間に空気や水などの物質の存在に関係なく、直接電磁波の形で伝える方式で、この熱をふく射熱といいます。このふく射熱を利用した冷暖房方式があります。たとえば、天井に設置したパネルに冷水を流すことによって、冷やされた天井が、人の身体や高温となった室内壁の熱を吸収して冷房する仕組みです。逆に、パネルに温水を流すと、人の体表面の熱放射量を少なくさせ、暖さを伝えることができます。

省エネ性の高い空調システムとして、潜熱・顕熱分離空調システムがあります（第5章46項）。これは、除湿用の空調機と空気の温度を冷やす空調機を分けることで、快適性と省エネ性の両立を図るものです。

要点BOX
- ●快適性実現には、センサー技術がキーポイント
- ●快適性と省エネ性の向上のために多様な空調システムがある

人感センサーの図

ふく射式冷房・暖房の事例

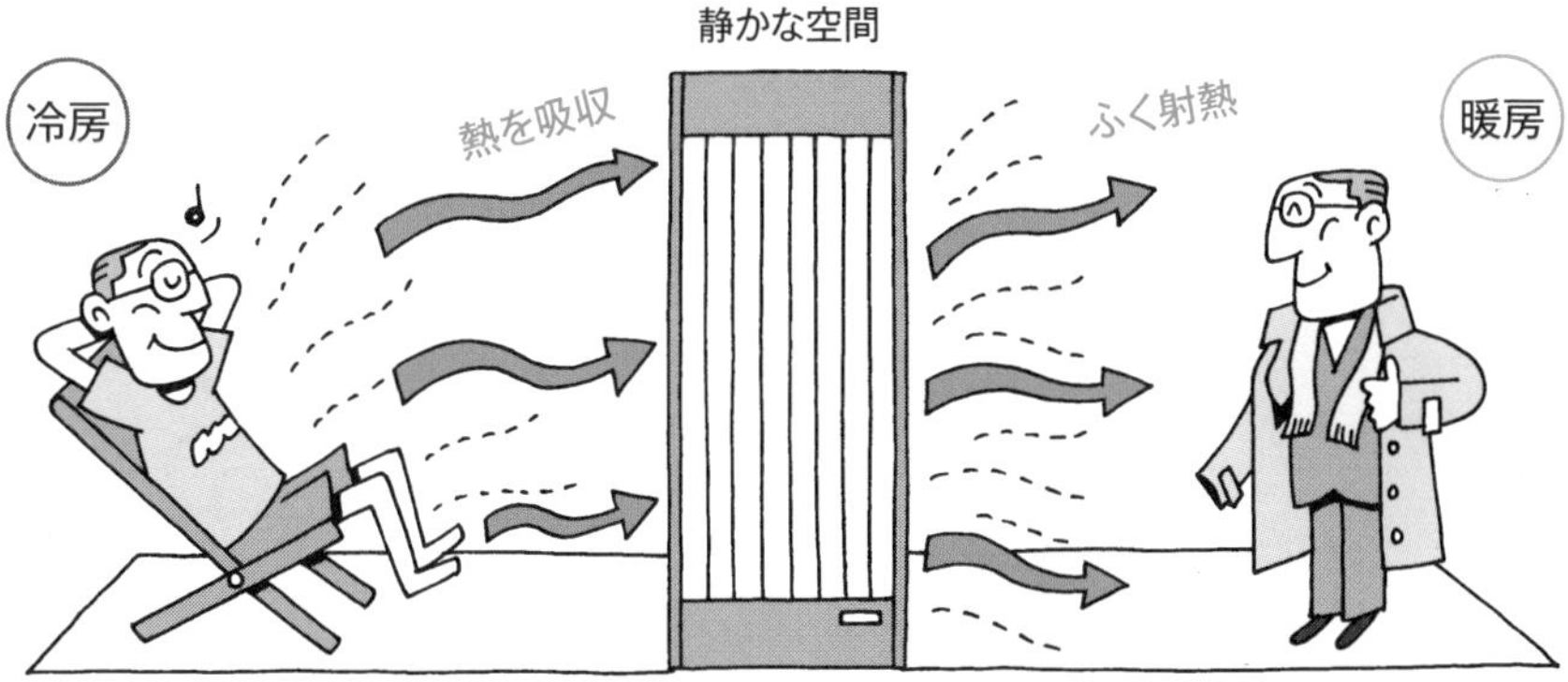

潜熱・顕熱分離空調システムとその機器

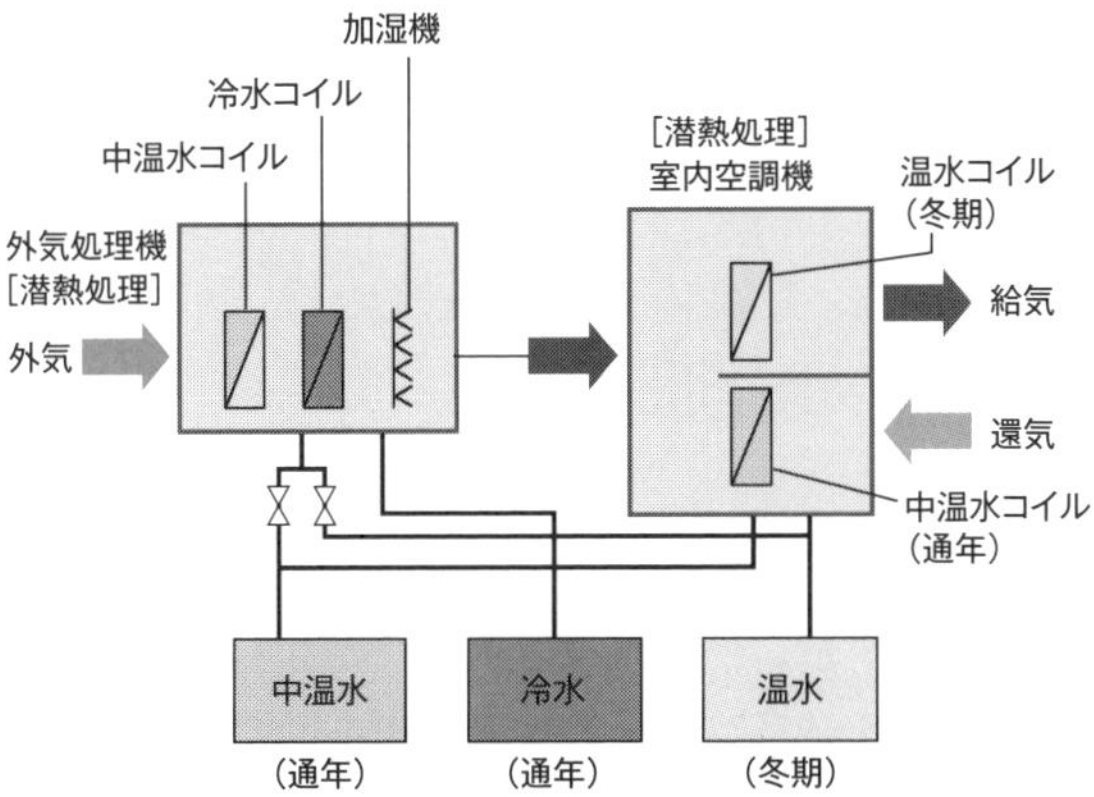

14 熱の搬送に、冷媒が使われる方式

家庭用と大規模なビル・病院では空調の方式が異なる①

空調方式は、熱の搬送物質（流体）の違いにより個別熱源方式と中央熱源方式の2つに大別されます。一般的な熱源方式と熱源機の組み合わせ例を左表に示します。

①個別熱源方式

店舗や小規模ビルの場合は、パッケージ形空調機による個別空調方式が多く採用されています。この方式は、基本的に各部屋ごとに空調を行う方式で、熱の搬送に冷媒を用いるので冷媒方式ともいいます（冷媒が配管を通して各部屋に流れる方式）。部屋の中の空気と冷媒が直接熱交換をして、室内空気を冷やす方式です。機器の形態では、すべての部品（圧縮機、凝縮器、蒸発器および各部品間の配管など）が一つにパッケージ化された一体形（ウインド形）と、本体が室内機と室外機に分けられその間を冷媒配管で接続するセパレート形があります。

能力や用途により、ルームエアコンと業務用エアコンに分けられます。ルームエアコンは一般的に住宅用として使用されます。

業務用エアコンは、小規模の事務所や店舗などで使用されるものから中規模のビル空調や工場空調および特殊用途で使用されるなど使用範囲は広がっています。設置例を左図に示します。この方式は、運転操作が容易で、個別運転、個別制御が可能です。水冷式と空冷式がありますが、水冷式は通常冷房専用で暖房を行うには、別途加熱源が必要になるので、空冷式が主流になっています。

このマルチシステムタイプは、小規模建物に多く採用されていますが、空冷式は水配管が不要なので電算機室や通信機械室などで多く採用されています。

最近は機器の技術的な進歩とユーザー側の要求により、冷暖フリーと言われる単一系統の室外機に対し、室内機ごとに冷房と暖房が同時に行える機種も採用されるようになりました。

要点BOX

- 熱の搬送媒体の違いにより、個別熱源方式と中央熱源方式に分けられる
- 個別熱源方式は、比較的小中規模ビルの空調用

熱源方式と熱源機の組み合わせ例

熱源方式	種類	熱源機の組み合わせ例
①個別熱源方式	1. 水熱源	一体形ヒートポンプ
	2. 空気熱源	一体形ヒートポンプ セパレート形ヒートポンプ マルチシステム形ヒートポンプ
②中央熱源方式	1. 電動式	(1)遠心式冷凍機 ＋ ボイラー (2)往復式冷凍機 ＋ ボイラー
	2. 吸収式	(1)一重効用吸収冷凍機 ＋ ボイラー (2)二重効用吸収冷凍機 ＋ ボイラー (3)吸収式冷温水機
	3. ヒートポンプ式	(1)水熱源ヒートポンプ (2)空気熱源ヒートポンプ (3)熱回収ヒートポンプ
	4. 特殊方式	コージェネレーション 地域冷暖房

個別熱源方式の設置例

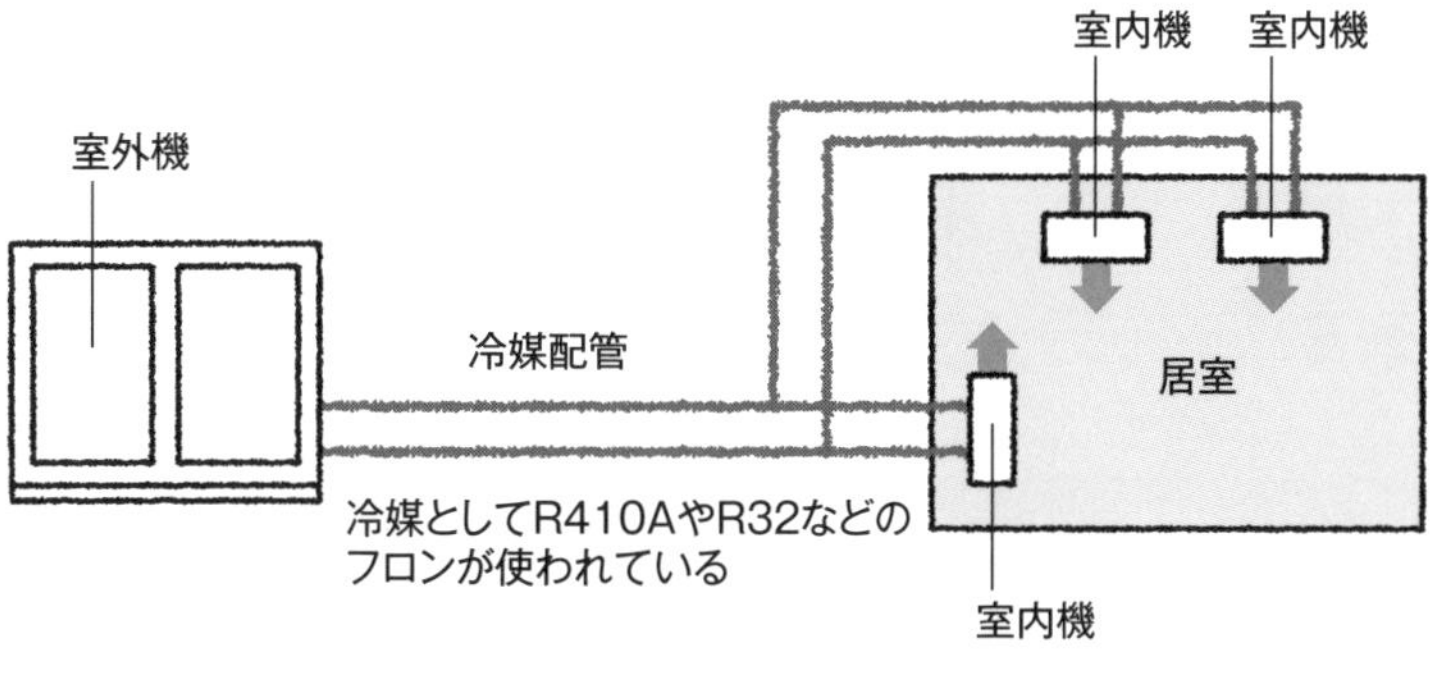

15 熱の搬送に、水または空気が使われる方式

家庭用と大規模なビル・病院では空調の方式が異なる②

② 中央熱源方式（セントラル空調方式）

大規模なビルや地域冷暖房などの大空間の空調に用いられる方式で、熱の搬送には水や空気が用いられます（水や空気が配管・ダクトを通して各部屋に流れる方式）。この方式では、熱源機で冷水を約7℃まで冷やし、その冷水と室内の空気が熱のやり取りをして室内空気を冷やす方式です。

この方式に必要な機器として、熱源機（チラー）・二次側空調器・水ポンプ・送排風機・自動制御装置および監視・操作機器などがあり、それらをシステムとして一体化したものをセントラル空調方式といいます。この方式で熱の搬送を空気で行う場合にはエアハン（エアハンドリングユニット）と呼ばれる空調器が、水で行う場合にはファンコイル（ファンコイルユニット）と呼ばれる空調器が必要になります。2つの空調器をそれぞれ使用した設置例を左図に示します。

この方式での熱源機にはさまざまな種類がありま す。そして、熱を搬送する空調器との組み合わせは建物の用途に合わせて検討されます。ひとつの大きなビルの中には、大空間のロビーや事務所、レストランそして電算機室など空調が必要な用途はさまざまであり、その特質に合った空調のシステムが採用されます。ロビーでは、玄関扉の開閉頻度が高いので外気が入ってきやすいことや天井が高いことを考慮し、吹き出し空気の温度や風量を他の部屋とは違う設定にしています。このような事例の場合、空調器にはエアハンを使用することが多くなっています。

また、一般の事務室のような部屋の場合は、ファンコイルを使用する例が多くあります。

複合ビルやホテル、病院そして地域冷暖房のような大きな能力を必要とする建物には、熱源機と空調器を自由に組み合わせることができるセントラル空調方式が採用されます。

要点BOX
- ●大規模なビルでは、セントラル空調方式が採用
- ●熱の搬送媒体の違いで、エアハン方式とファンコイル方式に分かれる

熱源方式と熱源機の組み合わせ例

熱源方式	種類	熱源機の組み合わせ例
②中央熱源方式	1. 電動式	(1)遠心式冷凍機 ＋ ボイラー (2)往復式冷凍機 ＋ ボイラー
	2. 吸収式	(1)一重効用吸収式冷凍機 ＋ ボイラー (2)二重効用吸収式冷凍機 ＋ ボイラー (3)吸収式冷温水機
	3. ヒートポンプ式	(1)水熱源ヒートポンプ (2)空気熱源ヒートポンプ (3)熱回収ヒートポンプ
	4. 特殊方式	コージェネレーション 地域冷暖房
①個別熱源方式	1. 水熱源	一体形ヒートポンプ
	2. 空気熱源	一体形ヒートポンプ セパレート形ヒートポンプ マルチシステム形ヒートポンプ

セントラル空調方式の設置例

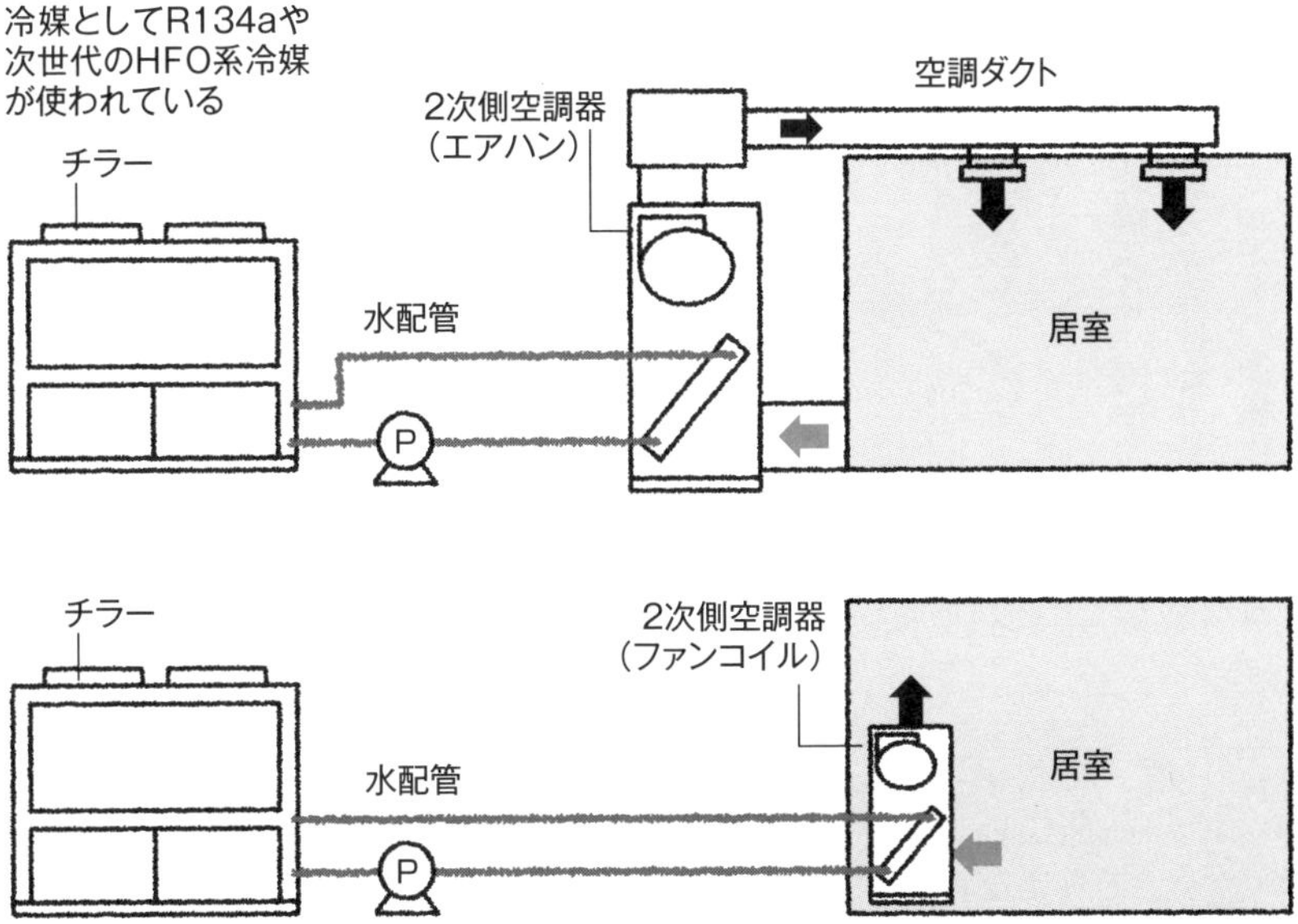

16 冷房・暖房だけでない、空調に関連する機器群

いろいろな空調関連機器

室内の空気質を快適な状態に維持し、人の健康増進や社会生活の発展に寄与する空調関連商品には次のような商品群があります。その商品の特徴を記します。

① ルームエアコン：住宅用の空調機で、室外機と室内機が1対1のセットになっている。大容量機では室内機が2台接続のマルチタイプもある。

② 業務用エアコン：ルームエアコンより容量が大きく、1台の室外機に2台以上の室内機が接続可能。室内機の種類が多く風量は家庭用より多い。用途も事務所用・店舗用・工場空調用など幅広い。

③ （大型）空調設備用機器：大規模ビル、地域冷暖房などに用いられる超大容量の機器群。チラーと呼ばれる機器で冷水をつくり、2次側空調器（エアハン、ファンコイル）で冷水と室内空気との熱の交換によって空調するシステムの機器群。

④ ヒートポンプ式給湯機、温水床暖房機：ルームエアコンの暖房運転と同様の冷凍サイクルで、屋外の空気から熱を取り込み、その熱で水の温度を上げる機能を有する機器。

⑤ 家庭用除湿器：エアコンのように圧縮機を使うタイプと吸湿性のあるローターを使うデシカント方式がある。

⑥ 全熱交換器：室内のCO_2濃度の高い空気と屋外の新鮮な空気との間で、温度や湿度を新鮮な空気に移動させることで空調システムの省エネを図ることを目的とする機器。

⑦ ガスヒートポンプエアコン：通常のエアコンはモーターで圧縮機を運転するが、このタイプは、ガスエンジンで圧縮機を運転するエアコン。

これらのように空調関連機器は、冷房・暖房・除湿・換気・給湯などの用途で人の社会生活の向上に寄与するとともに駆動エネルギーの多様化で持続可能な社会の実現を目指しています。

要点BOX

●人の生活向上に寄与する空調関連機器冷暖房以外にも、給湯・除湿やエネルギーの多様化への対応など

主な製品と特徴

製品群	機器の特徴、留意事項
ルームエアコン	・主に住宅用の空調機として使用 ・室外機と室内機が1対1のセットになっている ・大容量機ではマルチタイプ（室内機が2台接続）もある ・一般的に店舗・事務所用に比べて室内機の風量は少ない
業務用エアコン	・ルームエアコンより容量が大きく、1台の室外機に対して2台以上の室内機が接続可能 ・室内機の種類が多く、風量は家庭用より多い ・事務所用・店舗用・工場空調用など幅広い用途がある
空調設備用機器	・大規模ビル、地域冷暖房などに用いられる超大容量の機器群 ・チラー（ターボ・スクリュー・吸収式）で冷水を作り、2次側空調器（ファンコイル、エアハン）の中で、冷水と室内空気が熱交換することで室内（空気）温度を下げるシステムの機器群
ヒートポンプ式 給湯機 温水床暖房機	・ルームエアコンの暖房運転と同様の冷凍サイクルで、屋外の空気から熱を取込み、その熱で水（温水）の温度を上げる機能を有する機器 ・加熱された温水はタンクに貯め、給湯用として使用する給湯機と床暖房に使用する床暖房機がある
家庭用除湿機	・除湿機には、エアコンのように圧縮機を使う方式と、吸湿性を持たせたローターを使うデシカント（ゼオライト）方式がある ・圧縮機方式は、冷凍サイクル中の冷媒が蒸発する過程で、吸込んだ空気中の水分を凝縮（結露）させ除湿する方式
全熱交換器	・全熱交換器はその構造により回転型と静止型がある ・この機器は、排気されるCO_2濃度が高く汚染された室内空気と、供給される新鮮な室外空気が、全熱交換器を通過する際に、排気される空気の温度（顕熱）と湿度（潜熱）を、給気される空気に移動させることを目的とする機器
ガスヒートポンプ（GHP）エアコン	・通常のエアコンの駆動源は電気を使用するモーター（EHP）であるが、このタイプはガスを使用したガスエンジンを駆動源とするエアコン

17 暖房機器にはいろいろな方式がある

熱の伝わり方の違いと暖房機器

暖房機器は、熱の伝わり方により「対流式」「ふく射式」「伝導式」の3つがあります。

①対流式：対流式は、エアコンやファンヒーターが代表的です。対流式暖房の長所は部屋全体を暖める能力が高いということが第一に挙げられます。空気を直接暖かくした上でその空気を対流させるため、部屋全体が短時間で暖かくなります。

短所は、空気が直接体にあたることになるので、体感温度が低く感じてしまうことです。また、空気の流れが起こりますので、これによりホコリが巻き上げられるなどの点が挙げられます。

②ふく射式：ふく射式は、発熱体からのふく射(電磁波)により対面するものを暖めるもので、ストーブやオイルヒーター、電気ヒーター(カーボンヒーター、ハロゲンヒーター、パネルヒーター)、床暖房が代表的です。太陽の光と同じように、暖房器具から出される赤外線があたっている場所が暖かくなります。

ふく射熱により壁や物体などが暖められると、それ自体が熱を発するようになります。結果として一定時間ふく射式暖房を利用していれば、じんわりとした暖かさが持続します。この状態では気温が高くなくても人は暖かさを感じることができます。また、空気が乾燥しにくいというメリットもあります。

③伝導式：伝導式は、発熱体で直接「体」を暖めるもので、ホットカーペット、電気毛布、こたつなどが代表的です。ホットカーペットは、床に敷いて使う暖房器具で、カーペット状になっている発熱体が暖まることで、敷いている場所が暖まります。人は足元が暖かいほど暖房効果を感じやすいため体感温度としては高く感じます。

こたつは、暖房器具としての性能は高く、常につけていなくても一時的にでも使っていればコタツの中は密閉状態のため暖房効果があり、速暖性にも優れた暖房器具です。

要点BOX

●熱の伝わり方には3つの方式があり、①対流式、②ふく射式、③伝導式。それぞれにその特長を活かした器具がある

熱の伝わり方と暖房器具

対流式暖房器具の例

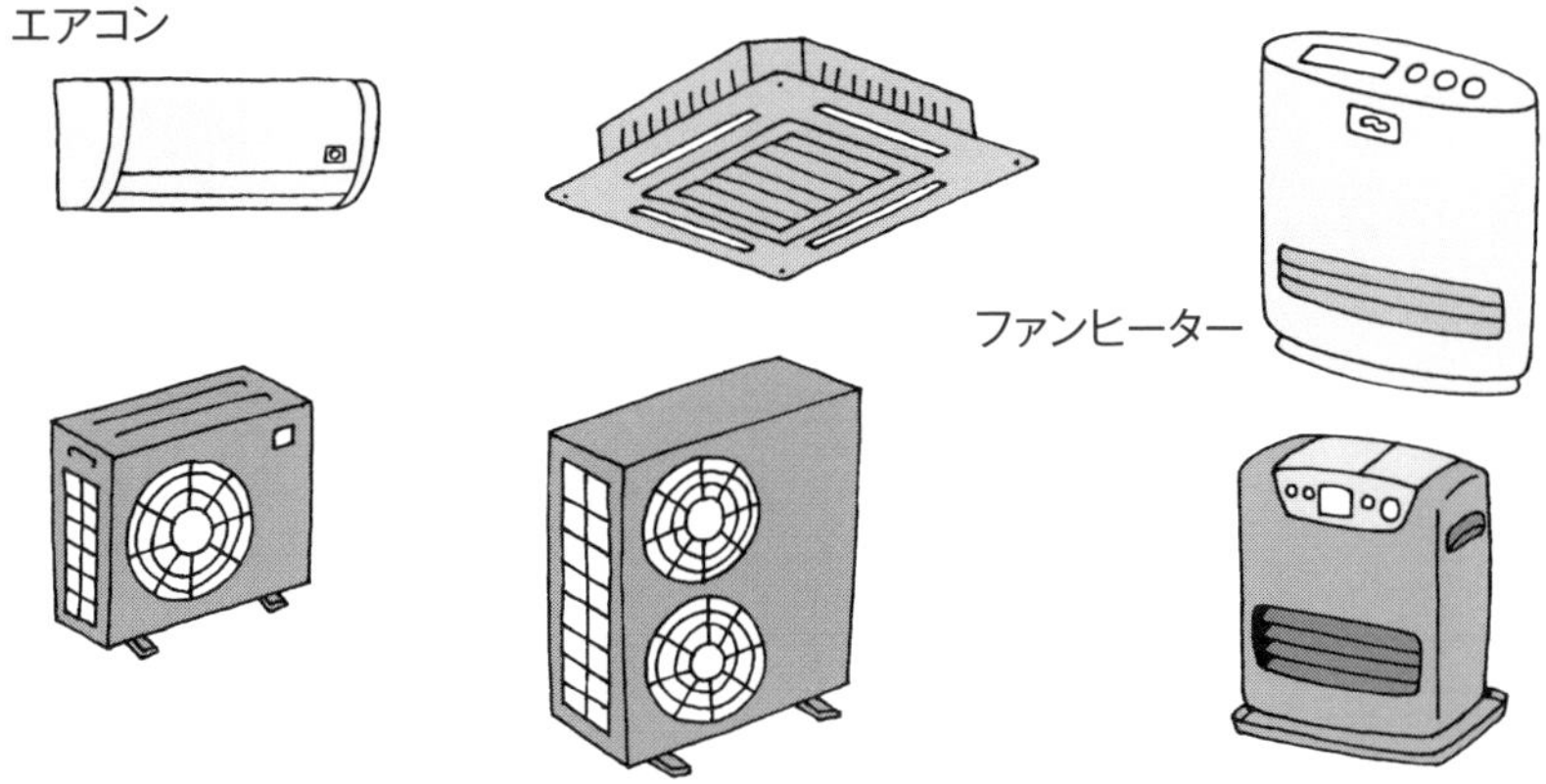

ふく射式暖房器具の例

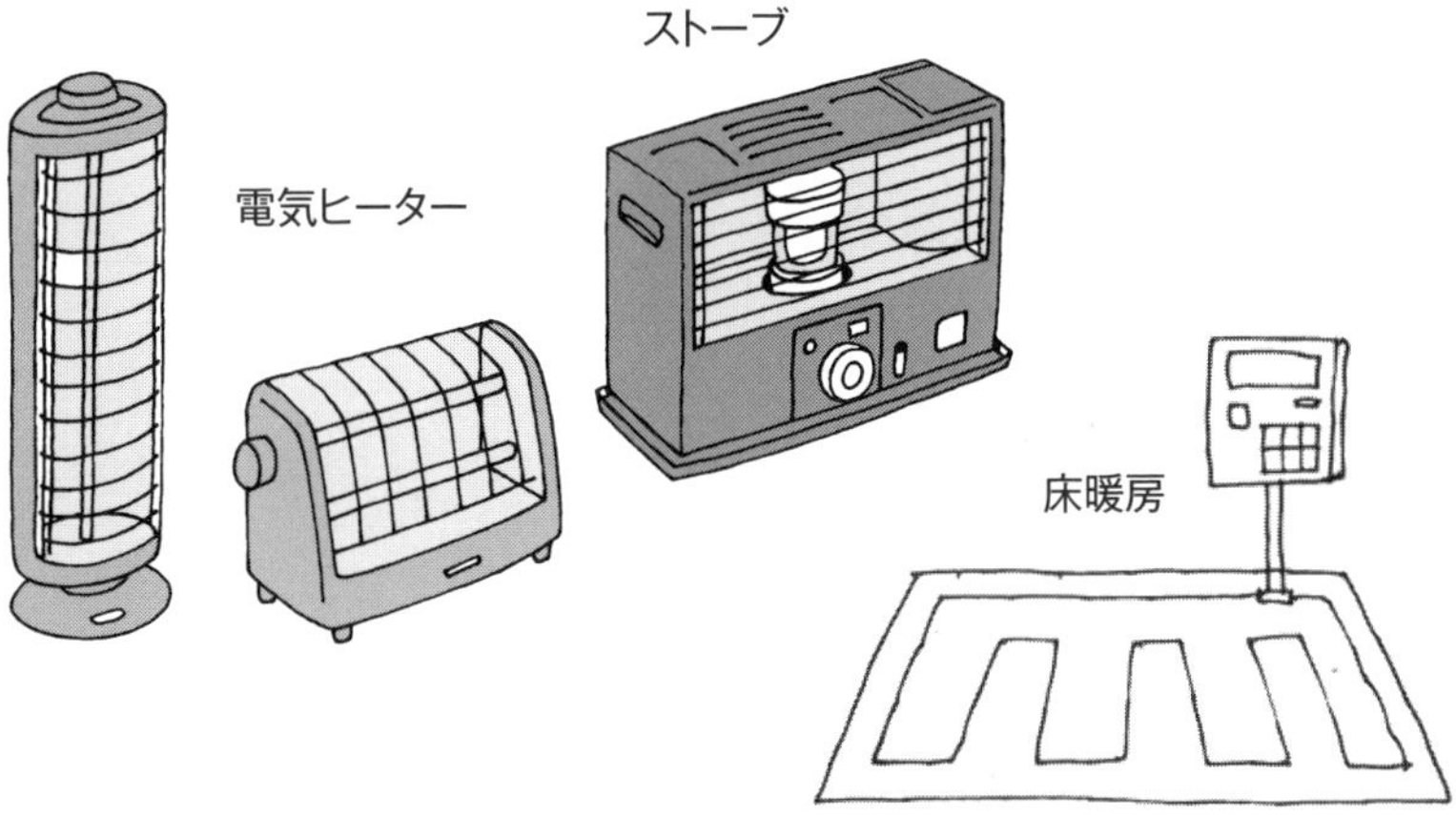

伝導式暖房器具の例

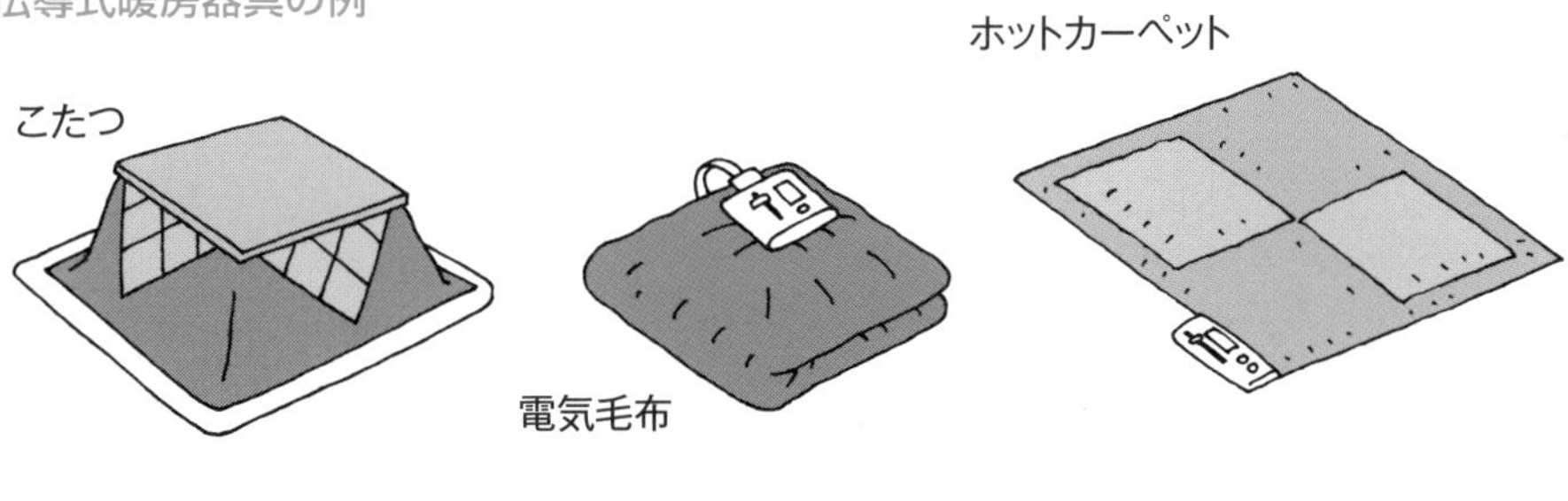

18 世界中のあらゆる地域で増え続けるエアコン需要

空調が必要な国・地域は、北極・南極を含めた全世界のあらゆる国・地域におよんでいます。今では地球上だけでなく、宇宙船・宇宙ステーションでの、将来的には月面での生活にも空調は必要になってくるでしょう。人類の居るところ、行くところすべての場所が空調対象地域といっても過言ではありません。

ただその国・地域で必要とされる空調の種類（冷房・暖房）や利用頻度（年間運転・夏冬運転）は異なります。また、経済発展の状況によっても空調事業の拡大とそのスピードは異なってきます。

赤道付近の年中暑い、むし暑い地域では年間を通じて冷房が必要な気候です。日本のように四季のある地帯では、夏の時期に冷房、冬には暖房という季節に応じた空調が必要です。極地に近い地帯では、冷房は不要でほとんどが暖房需要です。

この緯度による空調の需要だけでなく、私達の暮らしの進歩によって空調の需要やまた必要とされる空調の種類や方式が異なってきます。たとえば日本でも昭和の高度成長期のころは一般家庭にはエアコンはほとんどありませんでした。せいぜい扇風機でした。ところが、現在では一家庭に数台のエアコンが設置されています。リビング用、寝室用、子供部屋用といった具合です。

経済発展の著しい中国や東南アジア諸国では、今家庭でのエアコンの普及率が右肩上がりに増えてきています。社会生活が豊かになってくると交通機関の発展（電車・バスの空調）、ショッピングセンターやコンビニの普及（空調と冷凍冷蔵設備の需要の拡大）、そして娯楽施設（映画館やスポーツ施設）の増加など空調設備はますます必要となってきます。

近年の地球温暖化の影響で、これまで経験してこなかった猛暑・酷暑が頻繁に起こり、生活の環境の維持、生命の維持のためにも空調が必要になってきています。

要点BOX

●空調需要は社会生活の進歩とともに増える

国・地域別　空調需要

国・地域	空調需要	気候帯
日本	冷房・暖房	温帯
北米	冷房<暖房	亜寒帯・温帯・乾燥帯
中米	冷房>暖房	熱帯
南米	冷房・暖房	熱帯・温帯・乾燥帯
中国	冷房・暖房	亜寒帯・温帯・乾燥帯
東南アジア	冷房>暖房	熱帯
オセアニア	冷房・暖房	亜寒帯・温帯・乾燥帯

国・地域	空調需要	気候帯
北欧	暖房	亜寒帯
中央欧州	冷房・暖房	温帯・亜寒帯
南欧	冷房>暖房	温帯
北アフリカ	冷房>暖房	乾燥帯
中央アフリカ	冷房>暖房	熱帯・乾燥帯
南アフリカ	冷房>暖房	熱帯・温帯・乾燥帯
インド	冷房>暖房	熱帯・乾燥帯

※緯度だけでなく、地形や海流によって空調の種類や需要は異なります

あらゆるところで使われる空調機器

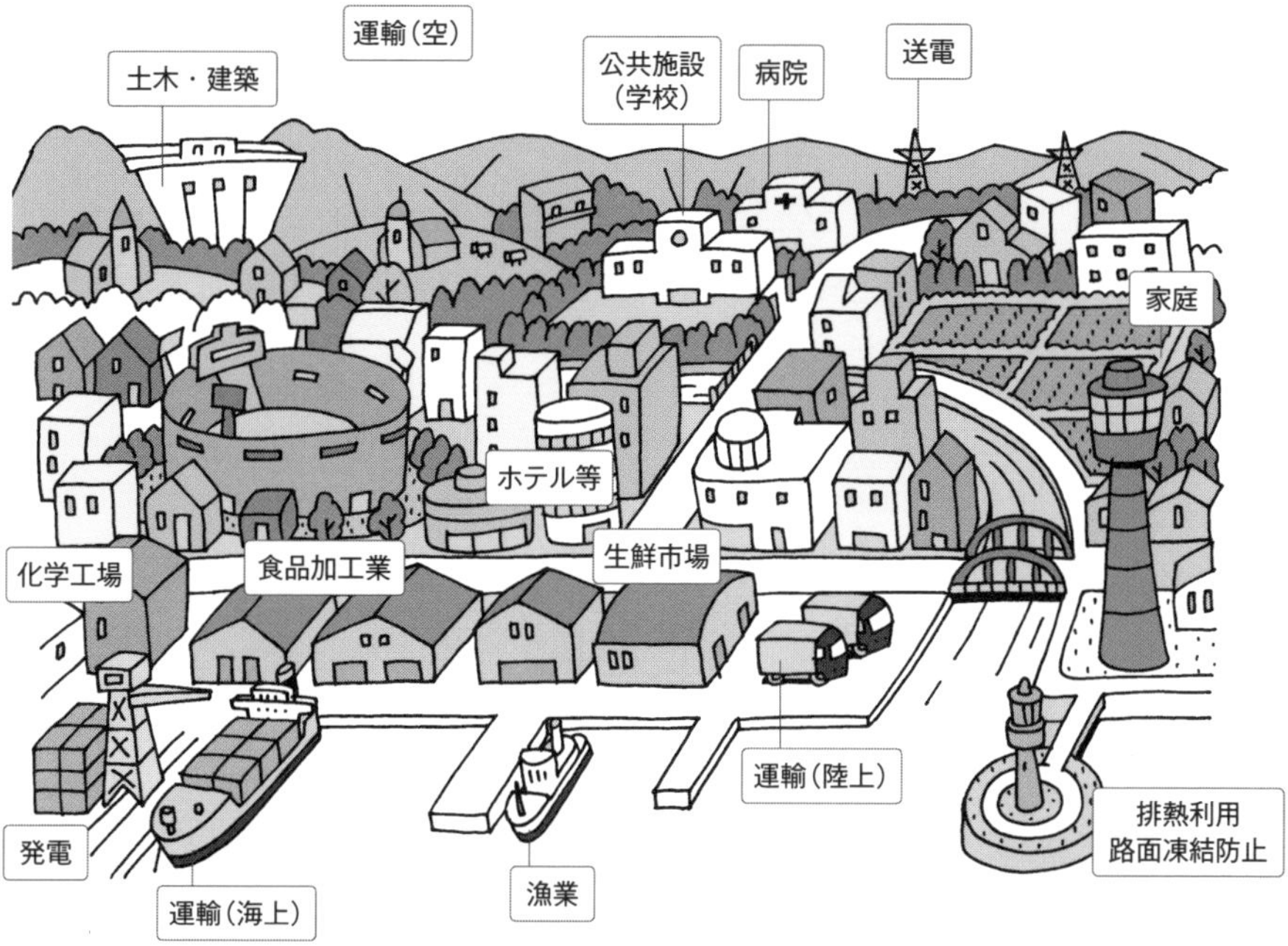

19 世界の人口の2割を占める中国がエアコン需要の4割を占める

日本の需要は世界の1割を占める

2011〜2016年の6年間の地域別の世界のエアコン需要の推定を左上図に示します。グラフから明らかなように中国がもっとも多く全世界の需要の約4割を占めています。中国経済の動向にもよりますが、当面 エアコン需要は高い水準で続くものと推測されています。アジア地域では気象条件に加えて各国経済の進展とともにエアコン需要は堅調に増加してきました。

北米地域は、米国とカナダの2カ国が対象ですがほとんどが米国です。米国経済の進展でエアコン需要は拡大基調になっています。

意外と需要が小さいのが欧州です。2003年の猛暑によって数カ国で多数の尊い生命が奪われる事態が発生し、その後エアコン（冷房）需要の高まりはありましたが、近年は各国を取り巻く経済・社会情勢の影響を受け減少傾向にあります。地域的には中央・北ヨーロッパ地域は燃焼式の暖房が主で冷房需要はわずかです。

欧州の国々は地球環境への関心が高く、オゾン層保護や地球温暖化対応に積極的に取り組んでおり、空調業界への影響も大きいものがあります。

今後2021年までの機器別世界のエアコン需要予測を左中図に示します。

ルームエアコンおよび業務用エアコンの需要は緩やかではありますが、拡大基調にあります。地域的には前述の通りアジア、北米地域およびアフリカ諸国での拡大が期待できます。

セントラル空調方式の機器にはチラーと二次側空調器（ファンコイル、エアハン）の合計台数を入れています。1台当たりの容量が大きいので、他のエアコンに比べて台数は少なくなります。

日本の空調機器の10年間のメーカーの出荷実績を左下図に示します。世界の需要の約1割を日本が占めており、ルームエアコンの需要はここ数年800万台を越えています。

要点BOX

●アジア圏は経済の発展とともに堅調に増加している

世界のエアコン需要推定

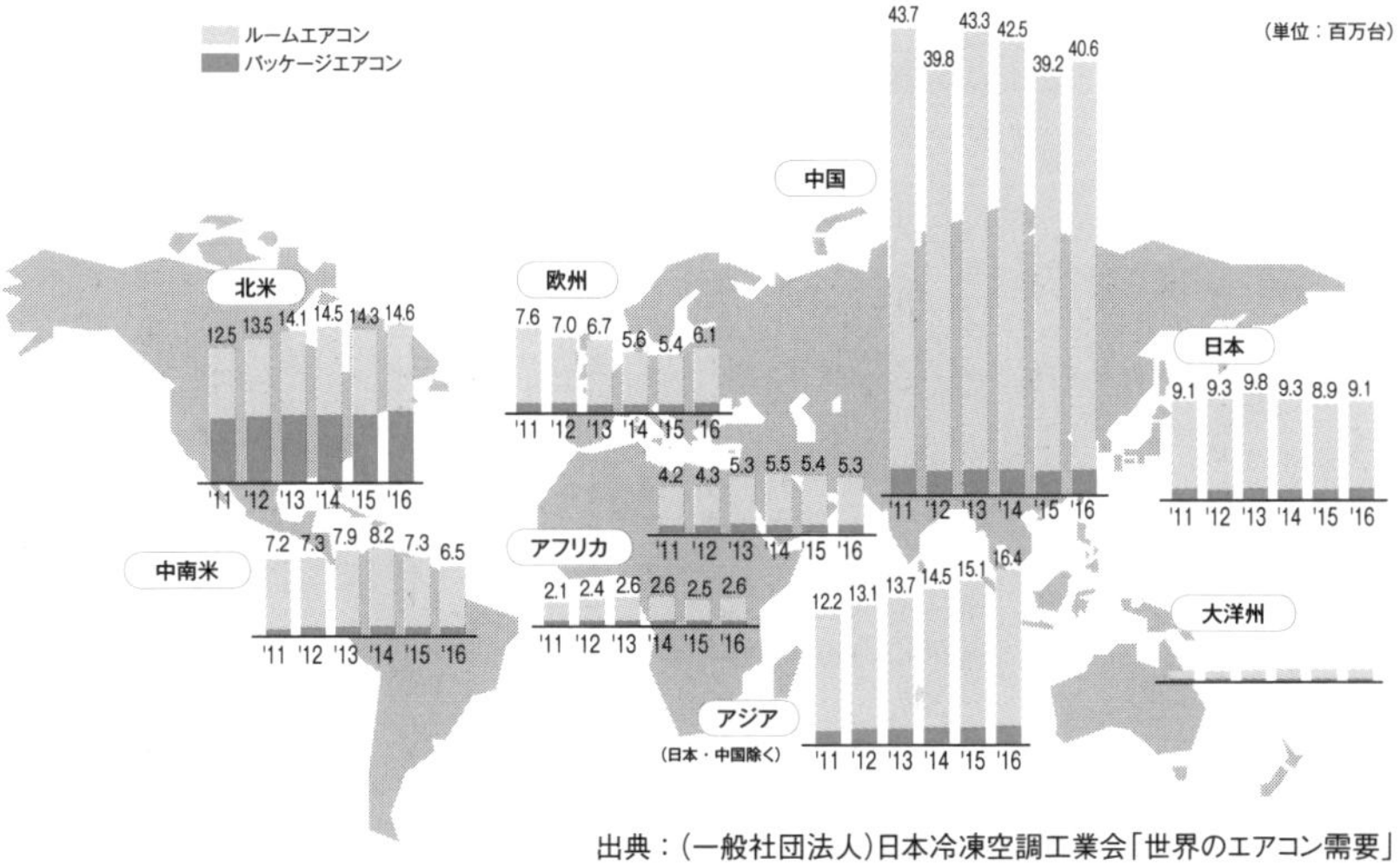

出典：(一般社団法人)日本冷凍空調工業会「世界のエアコン需要」

機器別世界のエアコン需要予測

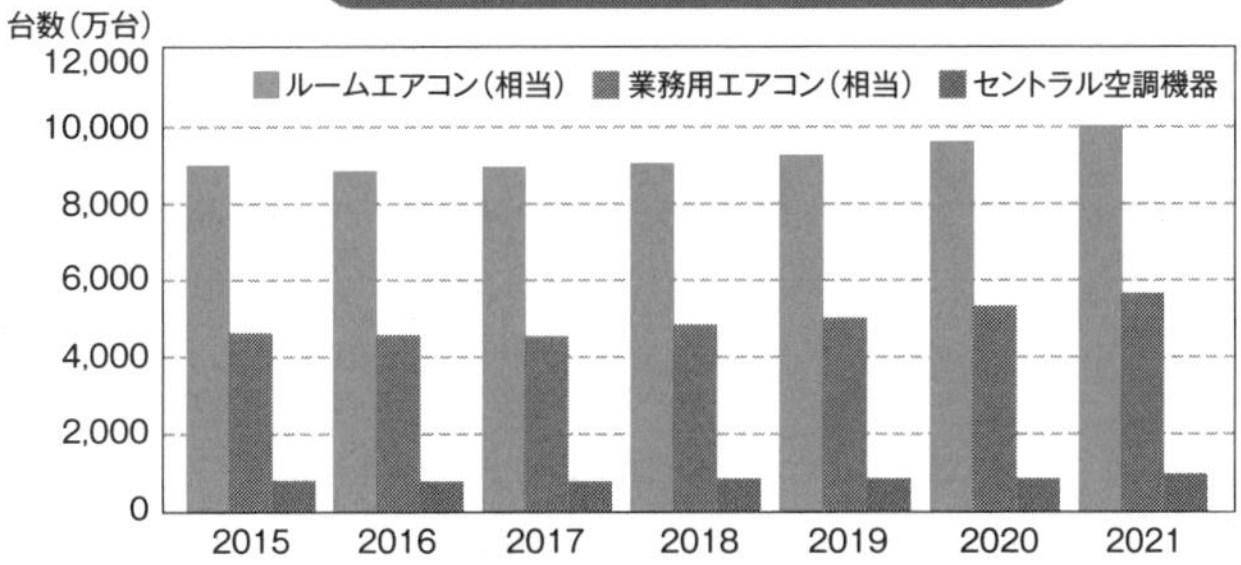

日本の機器別の出荷実績

ルームエアコン出荷実績

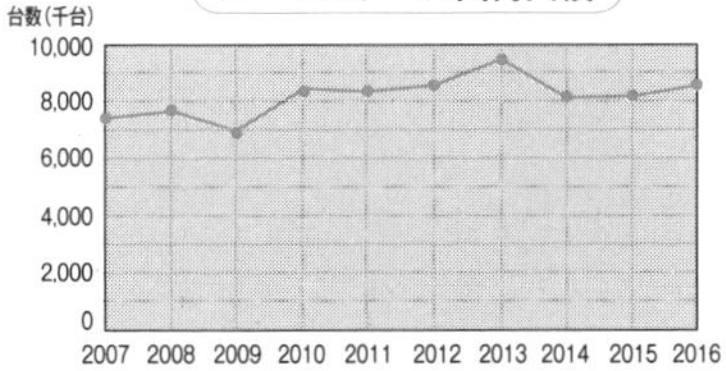

業務用エアコン出荷実績

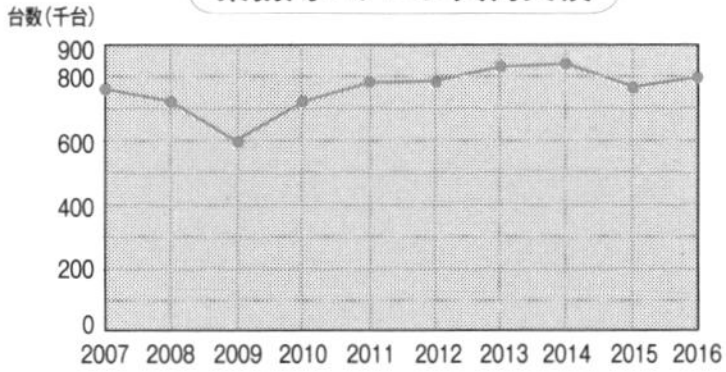

チラー出荷実績

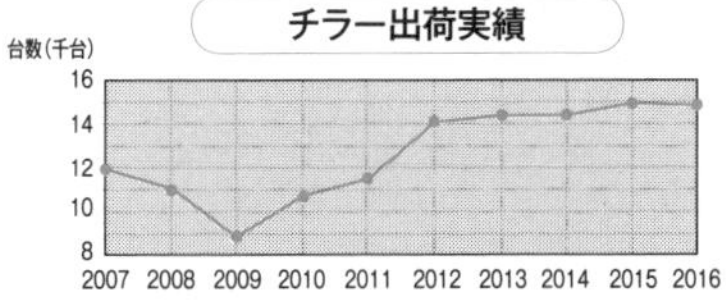

2次側空調出荷実績

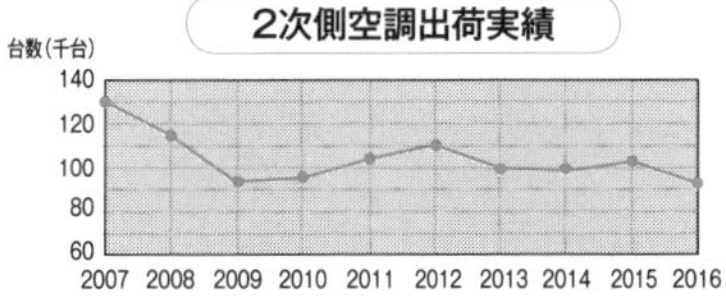

Column

空調機の能力の表示は、こう表現されている

ルームエアコンを買いに行くと、6畳用、8畳用 というような表示を目にします。これは消費者がこのエアコンがどの程度の能力を持っているのかをわかりやすくするために表示しているものです。しかしながら、売り手側が好き勝手に表示しているわけではありません。そこには統一された基準があります。たとえば6畳用のエアコンの冷房能力は、2・2kW、8畳用は2・8kWというように、これはどのメーカーでも同じです。つまり、エアコンの正しい能力表示は、冷房能力、暖房能力とも（kW）という単位で決められています。エアコンの性能は、日本工業規格（JIS）の中で、家庭用、業務用などに分類されて、性能の確認試験の方法や表示、安全といったさまざまな項目で詳細が決められています。

JISでは、冷・暖房能力の表示条件を次のように決めています。

【冷房時】 空冷式のエアコンの冷房能力は、室内温度が27℃で、外気温度は盛夏での使用を想定して35℃のときの能力を示します。この温度は、普通の温度計で示す温度で、乾球温度といいます。冷房のときは室内は湿度も影響しますので、相対湿度が約45%（湿球温度19℃）と決められています。

【暖房時】 空冷式のエアコンの暖房能力は、室内温度を20℃とし、外気温度は冬の使用を想定して7℃と2℃の二つの条件での能力を表示しています。暖房のときは、屋外の湿度が影響し、とくに室外機に霜が付くことがあるため、7℃の時は湿球温度6℃、2℃のときは1℃（いずれも相対湿度で約85%）と決められています。

以前の冷凍機は現在のように圧縮機とモーターが一体ではなく別置きで、モーターと圧縮機をベルトで接続して駆動しており、モーターの出力により馬力換算しておりました。そこで、日本冷凍空調工業会では、馬力と冷房能力（kW）をおおよそ次のように換算しています。1馬力＝2・5／2・8kW（50Hz／60Hz）

大型の冷凍機では、能力の単位として、冷凍トンという言い方をすることがあります。これは0℃の水1トンを24時間で氷にする冷凍能力を意味しています。

1日本冷凍トン（JRt）は、3・86kWですが、現在慣用的には、1米国冷凍トン（USRt）＝3・52kWが使われていることがあります。

SI単位系に変わった今でもこのような表示や単位があります。

第3章

いろいろなところで使われる冷凍冷蔵技術

20 食品冷凍冷蔵機器の種類

家庭用冷蔵庫、業務用冷凍冷蔵庫、ショーケース、自動販売機など

冷凍冷蔵機器について見ていきましょう。自動車などの「輸送用」を除くと、機器は大きく「家庭用」と「業務用」に分けられます。業務用は用途によって、さらにコンデンシングユニット、定置式冷凍冷蔵ユニット、内蔵形ショーケース、業務用冷凍冷蔵庫、自動販売機、その他に分けられます。

●家庭用

私たちの生活で、もっとも身近にあるのは冷蔵庫です。出し入れしやすい機構や、食品ごと複数の温度帯を設けるなど、いろいろな工夫が織り込まれています。そのほか、クーラーボックス、ワインセラー、ウォータクーラー、製氷機なども市販されています。

●業務用

①コンデンシングユニット

大形冷凍冷蔵庫に広く使われているもので、圧縮機、凝縮器等を一体化したものです。別置きの冷却器と組み合わせます。

②定置式冷凍冷蔵ユニット

小形の冷凍冷蔵倉庫に用いられるもので、構成機器すべてを一体化したものです。

③内蔵形ショーケース

ショーケースのうち、コンデンシングユニットをケースの下部や裏側に内蔵したものです。

④業務用冷凍冷蔵庫

ホテル、レストラン、病院など、食を提供する場で用いられることから、庫内の洗浄や清潔保持に特に留意されています。

⑤自動販売機

飲料の他にもアイスクリームや冷凍食品用などがあり、冷却だけでなく加熱もできるものが主流です。主に屋外に置かれ、24時間稼働しています。電力ピークをシフトする機能や、災害支援型、景観配慮型、近年では電子マネーが使用できる機器も増加しています。

要点BOX

- ●用途によっていろいろな形が
- ●冷やされるものが表に、冷やす側の冷凍装置は裏に

食品に使われる冷凍冷蔵器

家庭用

冷蔵庫

冷媒はフロンの代わりにイソブタンが使われている。年間約430万台出荷されている

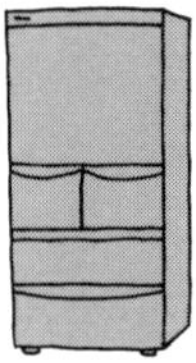

クーラーボックス

ワインセラー

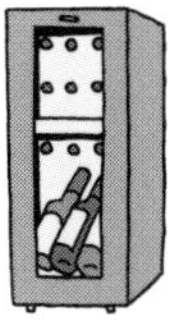

いずれもペルチェ（電子）式が一般的

ウォーター クーラー

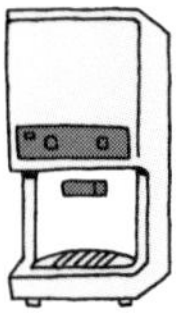

製氷機

冷媒はR134aやR404Aのフロンが使われている

業務用

① コンデンシングユニット

現地で冷媒配管を接続します。冷媒はR404A、R410A、R407C、CO_2などいろいろで、年間5万台程度が出荷されている

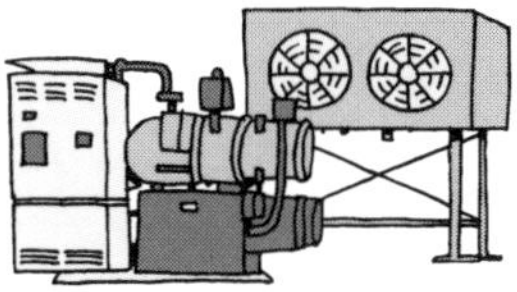

② 定置式冷凍冷蔵ユニット

冷媒はR134a、R404A、R410Aなどのフロンで、年間2万台程度が出荷されている

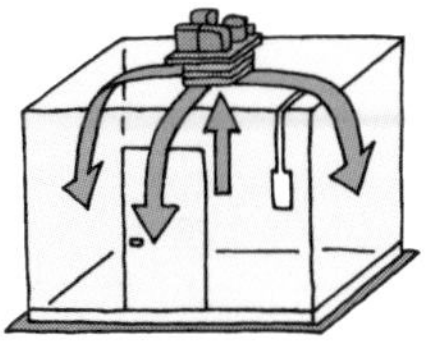

③ 内蔵形ショーケース

冷媒はR134a、R404A、R410Aなどのフロンで、年間16万台程度が出荷されている

リーチインショーケース

箱型ショーケース

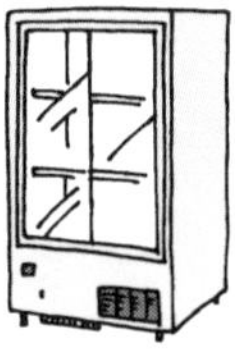

ガラス式ショーケース

平形ショーケース

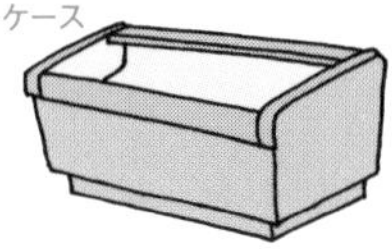

ガラストップ式ショーケース

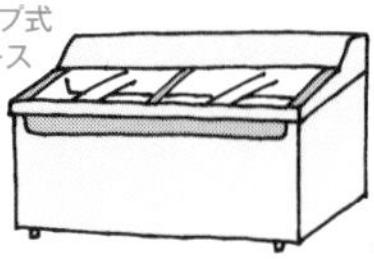

冷水ショーケース

④ 業務用冷凍冷蔵庫

食材の保管が主目的、盛り付け済み食品や、食器の保冷にも使われる。横型は上部のテーブルを作業台としても使え、冷媒はR134a、R404A、R410Aなどのフロンで、年間18万台程度が出荷されている

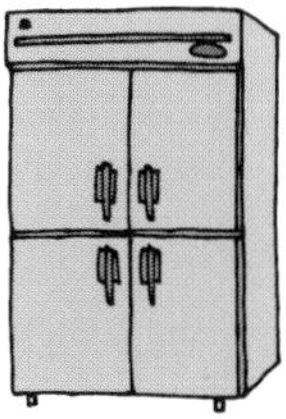

⑤ 自動販売機

カップ式、紙パック式、缶・ボトル飲料やアイスクリーム、冷凍食品などがある。冷媒はフロン類のほか、CO_2、次世代のHFO系フロン、炭化水素などいろいろ。年間30万台程度が出荷されている

21 低温物流は時空を超えて我々の豊かな生活を支えている

コールドチェーンで世界がつながる

コールドチェーン（冷たいつながり）とは、食品の鮮度保持のため、産地・流通・消費の過程で途切れることなく低温（生鮮食品の場合　0〜5℃程度、冷凍食品の場合マイナス18℃以下）を維持する物流の仕組みで、低温流通体系と呼ばれます。コールドチェーンにより、商品の腐敗や鮮度の低下を防ぎ、商品の需給関係の変動を少なくして価格の安定をはかることができます。冷凍冷蔵施設をはじめ、保冷庫、保冷車などの保管面・輸送面の設備も進化し、コールドチェーンは食品流通になくてはならない存在となりました。

近年では農畜産物における腸管出血性大腸菌O－157による食中毒、鳥インフルエンザ、冷凍食品における毒物混入などに対する対策や、食品のトレーサビリティ化が求められるようになり、コールドチェーンが重要な役割を期待されています。

日本では、1965年に当時の科学技術庁資源調査会からの「食生活の体系的改善に資する食料流通体系の近代化に関する勧告」がコールドチェーンの普及につながりました。現在では、冷凍食品の国内消費金額がおよそ1兆円に達し、1人当たり20kg以上を消費するまでとなり、もはやコールドチェーンなくして生活は成り立たないといえます。

コールドチェーンにより食品の品質保持、長期保存が可能となり、流通段階での食品の無駄が大幅に減り、安全安心な商品が食卓に届けられるようになりました。かつては安値で取引されていたマグロが、刺身用として商品価値を高め、全世界から輸入されるようになったのもその一例です。

近年ASEAN地域では、所得の伸びとともに市場規模の拡大が期待されており、各国でコールドチェーンの構築が始まっています。食品冷凍冷蔵業界としても国際的な物流事業やそのための人材育成など、活躍の場が広がることが多いに期待されています。

要点BOX
- ●世界中の食品が食卓に
- ●コールドチェーンは時空を超える

低温物流の発展

古代は、自給自足、地産地消

現代は、地球上のあらゆるものが季節に関係なく食べられる。これも「コールドチェーン」のおかげ

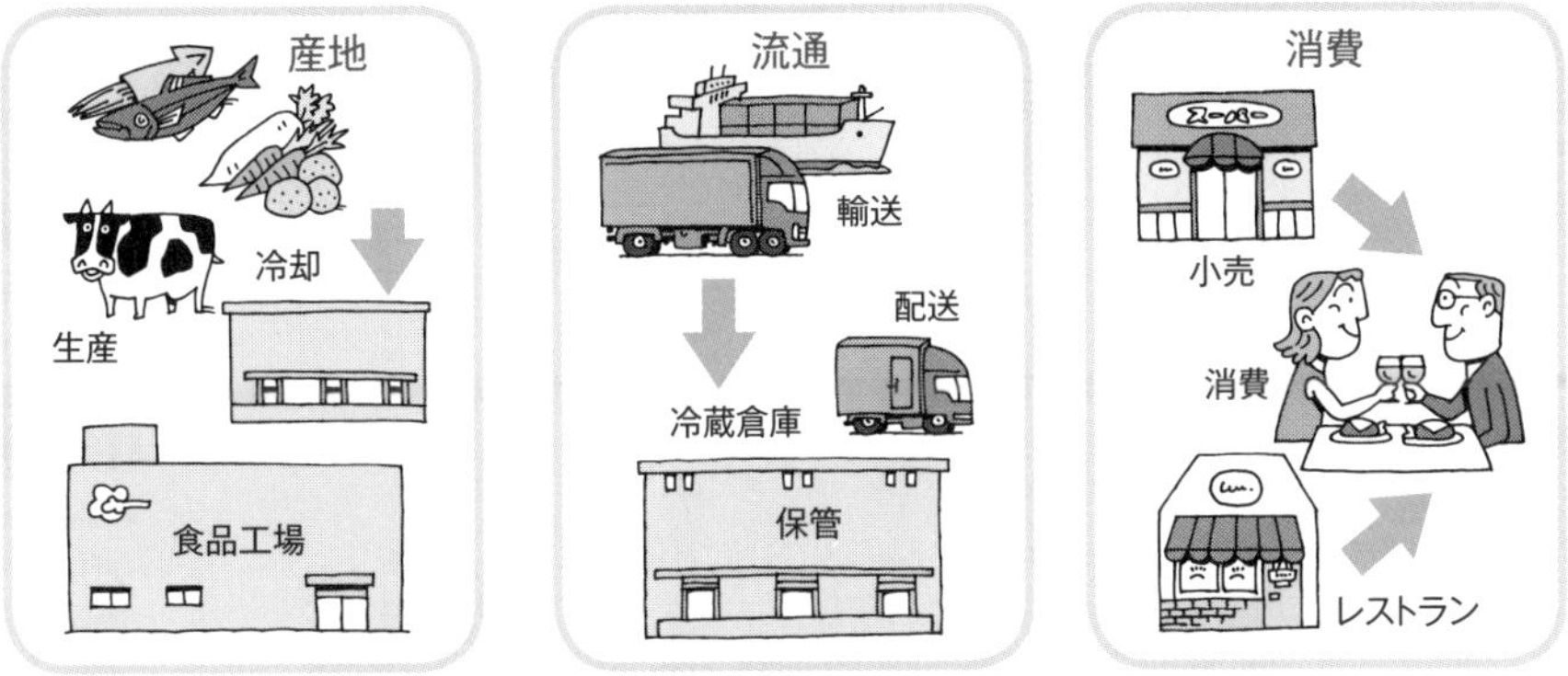

ASEAN主要国の冷凍冷蔵食品市場の推移

近年ASEAN地域の各国でコールドチェーンの構築が始まっており、拡大が期待されている

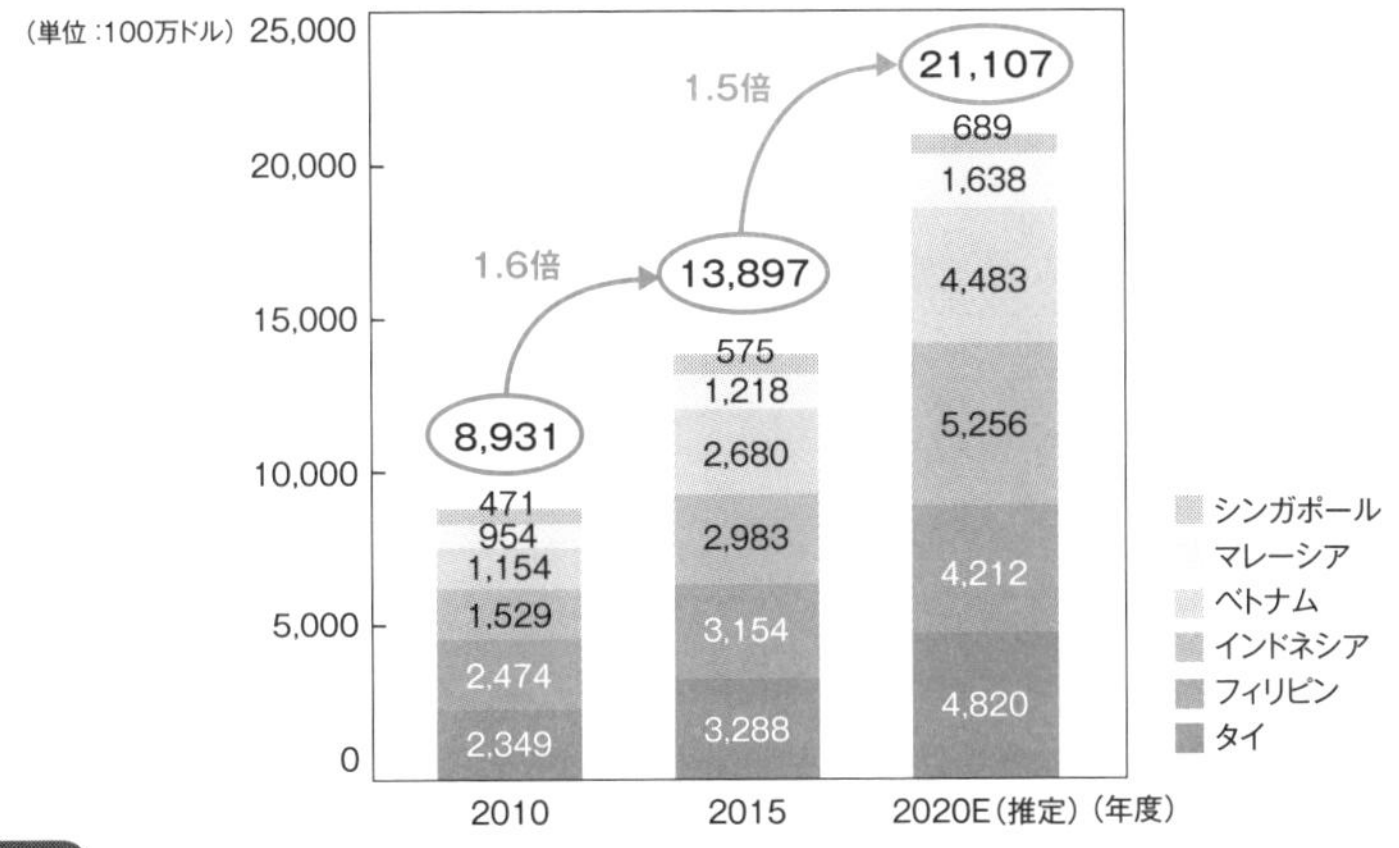

用語解説

トレーサビリティ:物品の流通経路を生産段階から最終消費段階あるいは廃棄段階まで追跡が可能な状態を指す。日本語では追跡可能性。

22 食品を凍結させる

産地での急速冷凍の方法

コールドチェーンを支える冷凍機器について紹介します。

食品は内部に大量の水分を含むため、低温にするとその水分は凍結しますが、凍結がゆっくり進むと細胞が壊れ、水分が細胞外で大きな氷となって食品の品質が低下してしまいます。そのため、できるだけ急速に凍結させる必要があり、一般にフリーザー（凍結装置）と呼ばれる機器が使われます。

フリーザーは、コンデンシングユニット、冷却器、搬送装置、洗浄装置などを組み合わせたもので、食品の種類によってさまざまな方式があります。

①空気冷却式凍結装置（エアブラスト・フリーザー）

冷却器で冷やされた冷気を直接食品に吹き付けて凍結を行う装置です。冷凍室内への入庫と凍結した食品の出庫を繰り返す「バッチ式」と、搬送装置の上を移動しながら凍結する「連続式」があります。

②接触凍結装置

食品を冷たい金属平板に直接接触させる凍結装置です。接触する金属の方向により、上下から接触させる「水平形」、左右から接触させる「垂直形」、回転する金属ドラムの表面で凍結させる「ドラムフリーザー」、移動するスチールベルトの上で凍結させる「スチールベルトフリーザー」があります。

③液体冷却式凍結装置

低温の不凍液に直接食品を投入して凍結させる装置で、魚などの凍結に使われます。低温の液体に直接接触するので、空気方式に比べ表面熱伝達率が大きいので、凍結時間の短縮ができます。

④液化ガス凍結装置

窒素（マイナス196℃）や二酸化炭素（マイナス78.5℃）のような毒性のない低温液化ガスの気化潜熱を利用して連続式に凍結を行う装置で、水分量の多い果物やでんぷん質の食材に適しています。

要点BOX
●質を低下させないためには急速冷凍
●食品により冷やし方もいろいろ

空気冷却式凍結装置

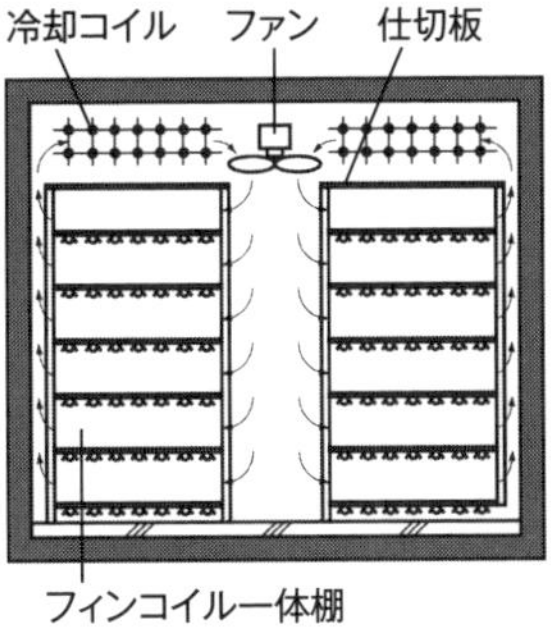

接触式凍結装置

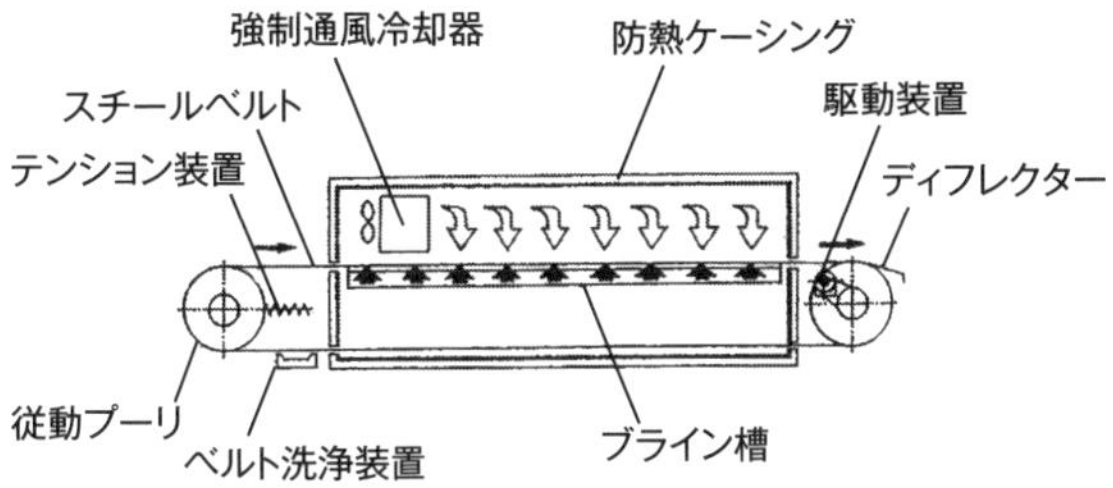

液体冷却式凍結装置

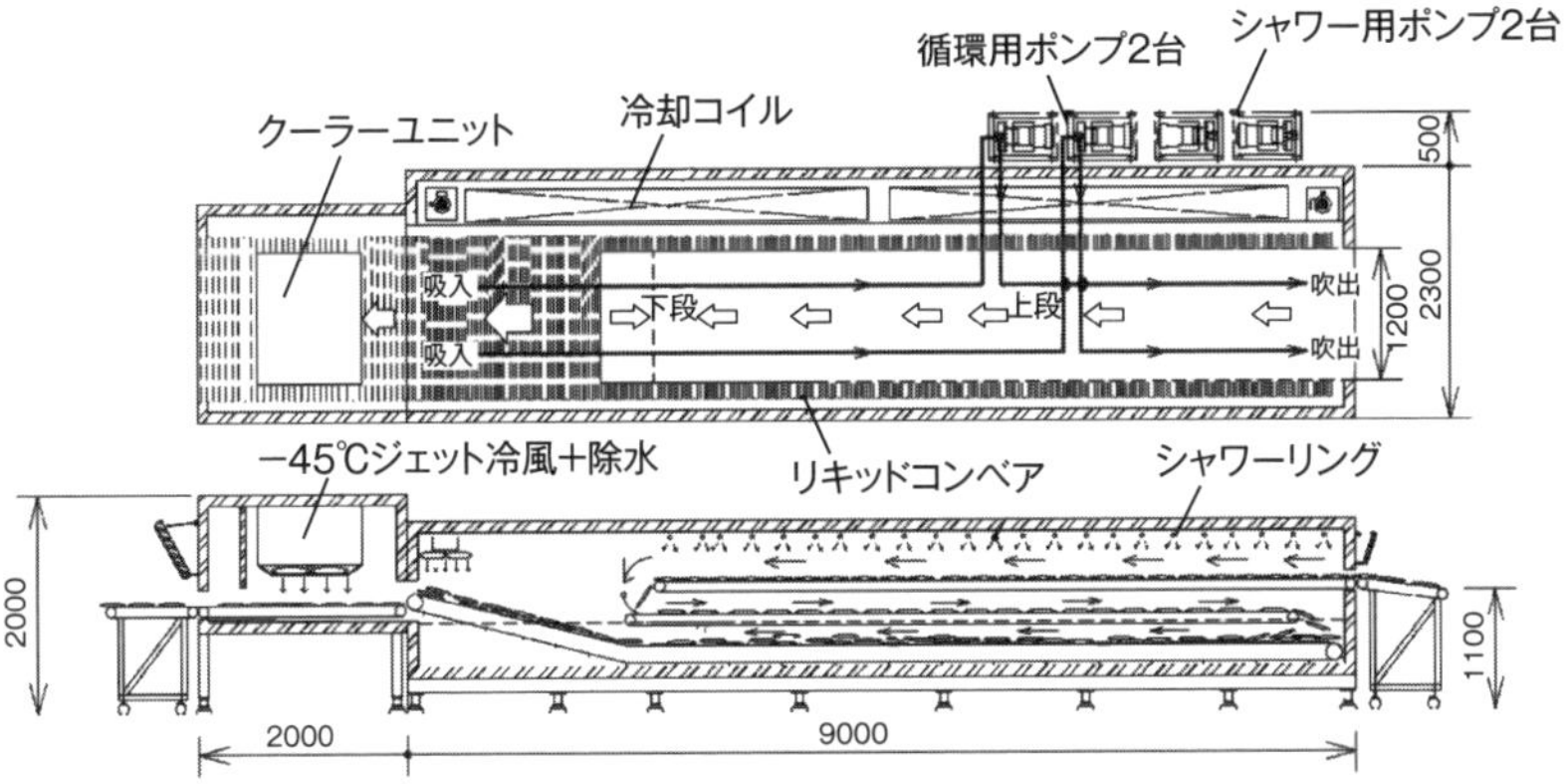

液化ガス凍結装置

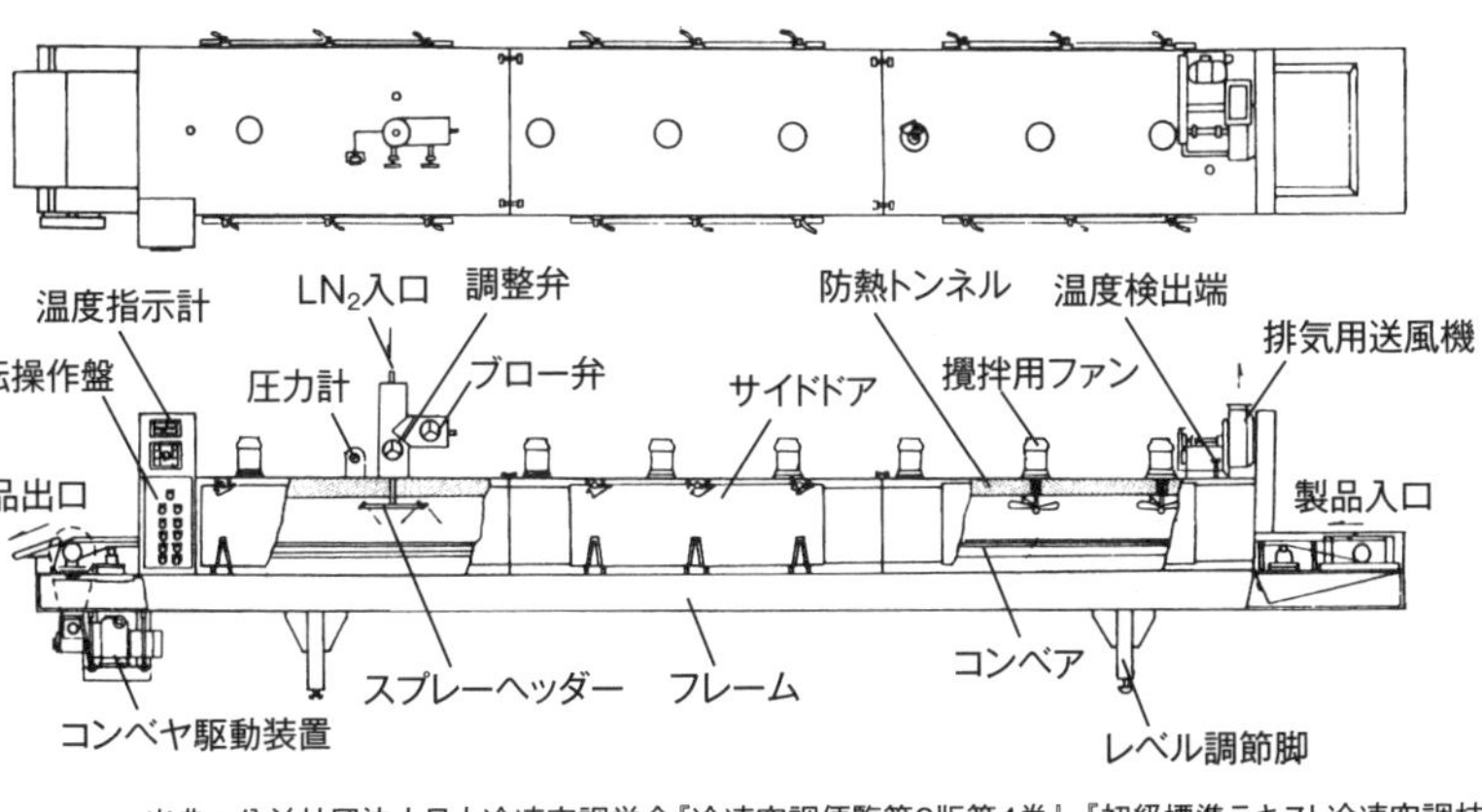

出典：公益社団法人日本冷凍空調学会『冷凍空調便覧第6版第4巻』、『初級標準テキスト冷凍空調技術』

23 冷凍冷蔵食品を運ぶ

低温・定温のまま輸送

低温流通を支える輸送用冷凍ユニットは、大きく分けて輸送機器（船舶、自動車）に備え付けたものと輸送用コンテナを用いるものがあります。いずれも製品を一定温度で保管する保冷機能はありますが、凍結を行う機能はありません。

①自動車用冷凍装置（冷凍車）

業態によりさまざまな種類がありますが、トラックのエンジンで直接駆動するメインエンジン方式、冷凍機専用のエンジンで駆動するサブエンジン方式などがあります。一般的に、荷室の大きな大型の冷蔵庫は、エンジン動力に左右されないサブエンジン方式を採用しています。メインエンジン方式は、エンジンを切ると冷却機能がなくなってしまいますので、外部電源が利用できるものもあります。

②冷凍冷蔵運搬船

食品の冷凍冷蔵貨物を運搬する船舶は、多目的冷凍冷蔵運搬船、凍結品専用運搬船、バナナ専用運搬船などがあります。肉類・乳製品類は冷凍冷蔵コンテナが主流で、青果物は多目的冷蔵運搬船や専用運搬船が主流です。積荷の鮮度が重要なので、一般の貨物より速力が速い（20ノット以上）ものが多いです。

③航空機

航空機でも冷却装置つきの保冷コンテナが採用されており、医薬品、冷凍食品、青果物、電子部品などの輸送に広く用いられています。航空コンテナは、航空機胴体に収まるよう特殊な形状をしており、航空機部品と同様の耐空性使用の承認も必要です。

④コンテナ

海上輸送用の冷凍コンテナはISO／JIS規格に準拠して製作されており、全世界で共通して広く利用されています。床はアルミ製のレールが50ミリメートル前後の間隔で縦に敷き詰められて揚げ底状になっており、冷気はこの隙間からコンテナ内部全体に循環するようになっています。

要点BOX

●冷えた状態を維持しながら産地から消費地へ
●海から空から陸へシームレスに

冷凍冷蔵食品の輸送方法

冷凍車

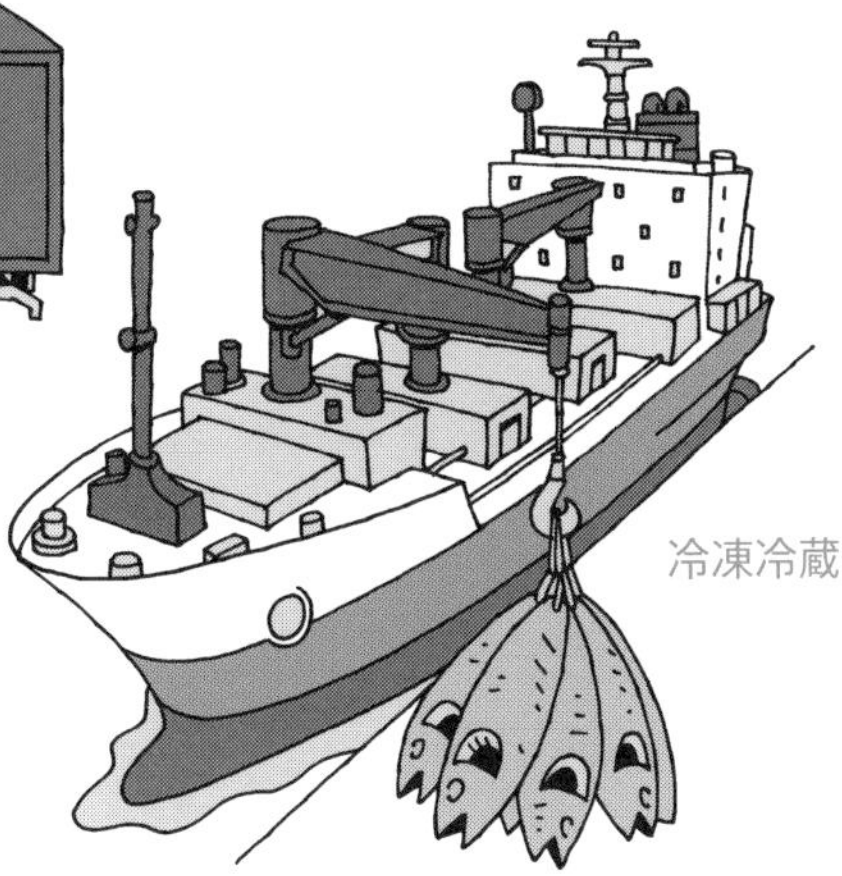
冷凍冷蔵運搬船

航空機

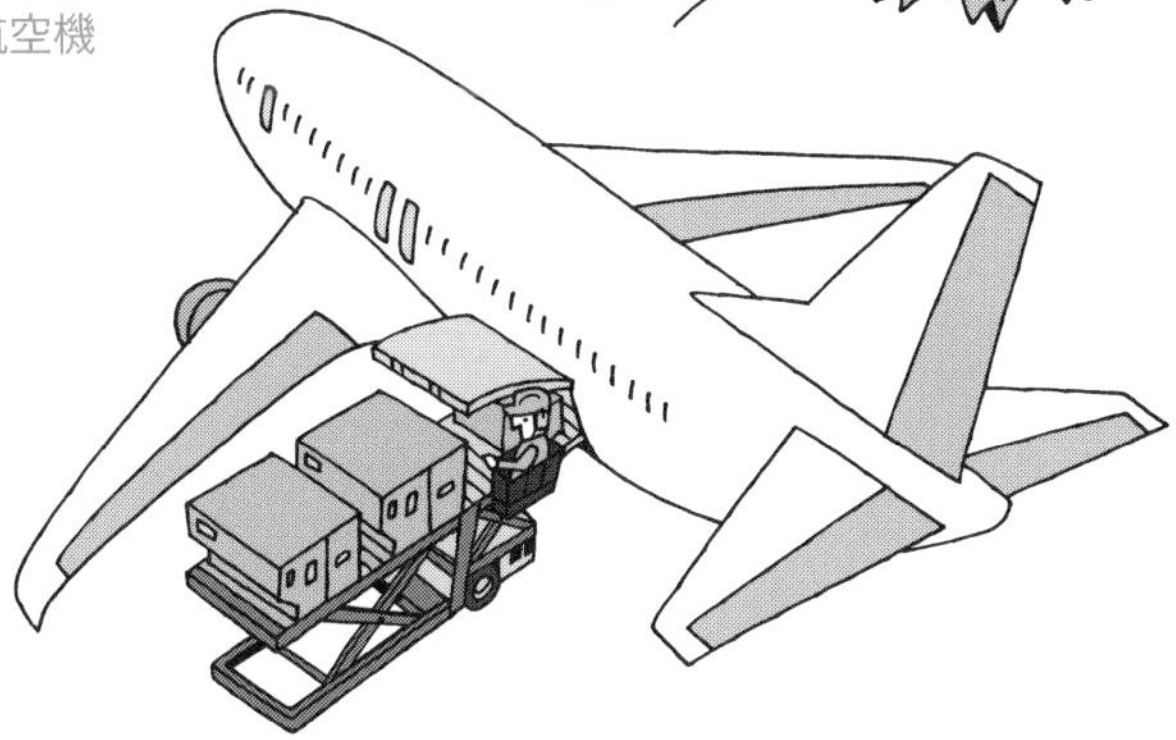

航空機用コンテナ

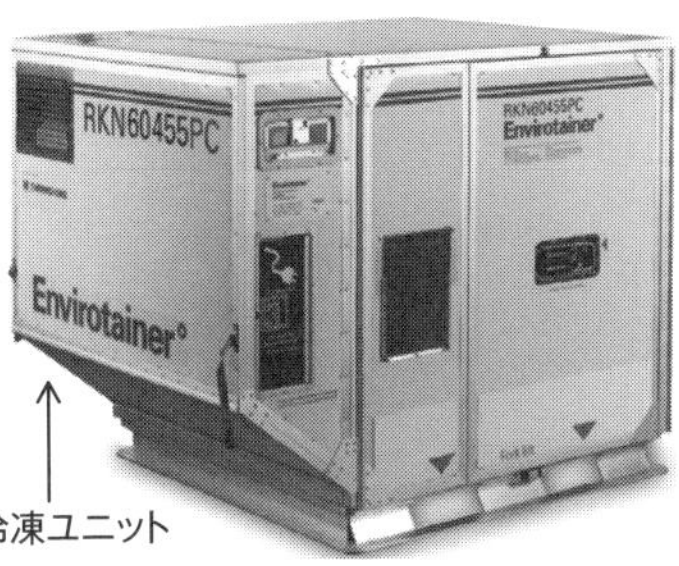

冷凍コンテナ

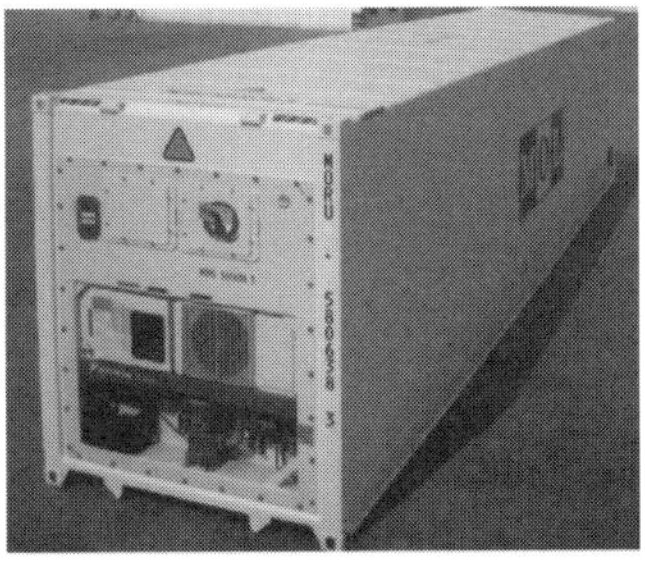

出典：公益社団法人 日本冷凍空調学会『冷凍空調便覧 第6版第4巻』

用語解説

ISO/JIS規格：ISO規格は国際標準化機構（International Organization for Standardization）が制定する規格。JIS規格は日本工業規格（Japan Industrial Standards）という国内規格であり、ISOとの共通化が進んでいる。

24 冷凍冷蔵食品を保存する

食品により保管温度が違う

冷凍冷蔵食品を保存するための冷蔵倉庫は、日本全国で約4000万立方メートルあり、小学校のプールの水面積の約10万個分です。倉庫業法により「倉庫業を営もうとする者は、国土交通大臣の行う登録を受けなければならない」とされ、登録を受けた冷蔵倉庫を営業用冷蔵倉庫といいます。水産物、畜産物、農産物、冷凍食品などの食品を中心に、そのほかの貨物も含めて10℃以下の温度で保管しています。すべての冷蔵倉庫が同じ機能ではなく、貨物の保管目的に沿ったさまざまなものがあります。

したがって、国内の冷蔵倉庫は消費地、港湾、農畜産地に集中しています。近年、倉庫容積、入出庫量はほぼ横ばいですが、物流形態の進展に伴い、最新機能をもつ冷蔵倉庫へのスクラップアンドビルトが進んでいます。営業用の冷蔵倉庫は、コールドチェーンの中で食品の安全・安心を守り、安定供給と品質保持において必要不可欠な存在といえます。

冷蔵倉庫は保管する温度によって、F（フローズン）級、C（クーラーまたはチルド）級に分けられ、さらに詳細な温度区分がなされています。マイナス20℃以下のF級は、主に冷凍食肉や魚介類、C級は野菜、果実、塩干魚類などが保管されています。超低温といわれるF3、F4級はSF級として区別することもあります。

冷蔵倉庫は、食品原材料を保管し食品加工場に輸送する拠点であり、また、工場からスーパーや小売店に配送する拠点でもあり、商品の価値を高めるための梱包、包装などを行う物流センターとしても機能しています。また、冷蔵倉庫は保冷を行うものですが、食品加工場の冷凍冷蔵倉庫は、保管だけでなく凍結といった製造工程の1つとしても用いられています。

従来の冷蔵倉庫は長期保管を目的とした保管形態が多かったのですが、近年は流通の拠点として頻繁な商品の出し入れに対応するように自動荷役設備機能が充実しています。

要点BOX
- ●冷蔵倉庫は産地と大規模消費地に集中
- ●食品により最適保存温度がある

国内の冷蔵倉庫容積分布

	都道府県	所管容積（千m³）	構成比		都道府県	所管容積	構成比		都道府県	所管容積	構成比
エリア	北海道	2,685	6.7	11	埼玉県	2,461	6.1	30	和歌山県	134	0.3
	東北	2,976	7.4	12	千葉県	1,911	4.7	31	鳥取県	192	0.5
	関東	15,200	37.7	13	東京都	3,859	9.6	32	島根県	57	0.1
	北陸	369	0.9	14	神奈川県	5,146	12.8	33	岡山県	447	1.1
	東海	4,066	10.1	15	山梨県	95	0.2	34	広島県	807	2.0
	近畿	7,047	17.5	16	長野県	201	0.5	35	山口県	407	1.0
	中国	1,910	4.7	17	新潟県	271	0.7	36	徳島県	89	0.2
	四国	936	2.3	18	富山県	156	0.4	37	香川県	361	0.9
	九　州	5,137	12.7	19	石川県	167	0.4	38	愛媛県	405	1.0
01	北海道	2,685	6.7	20	福井県	46	0.1	39	高知県	82	0.2
02	青森県	738	1.8	21	岐阜県	37	0.1	40	福岡県	2,600	6.4
03	岩手県	235	0.6	22	静岡県	1,540	3.8	41	佐賀県	807	2.0
04	宮城県	1,620	4.0	23	愛知県	2,154	5.3	42	長崎県	261	0.6
05	秋田県	50	0.1	24	三重県	334	0.8	43	熊本県	189	0.5
06	山形県	137	0.3	25	滋賀県	118	0.3	44	大分県	105	0.3
07	福島県	197	0.5	26	京都府	222	0.6	45	宮崎県	370	0.9
08	茨城県	762	1.9	27	大阪府	3,883	9.6	46	鹿児島県	629	1.6
09	栃木県	238	0.6	28	兵庫県	2,648	6.6	47	沖縄県	177	0.4
10	群馬県	256	0.6	29	奈良県	42	0.1	合計		40,325	

自家用冷蔵倉庫は除く

提供：一般社団法人 日本冷蔵倉庫協会

営業用冷蔵倉庫の保管温度帯

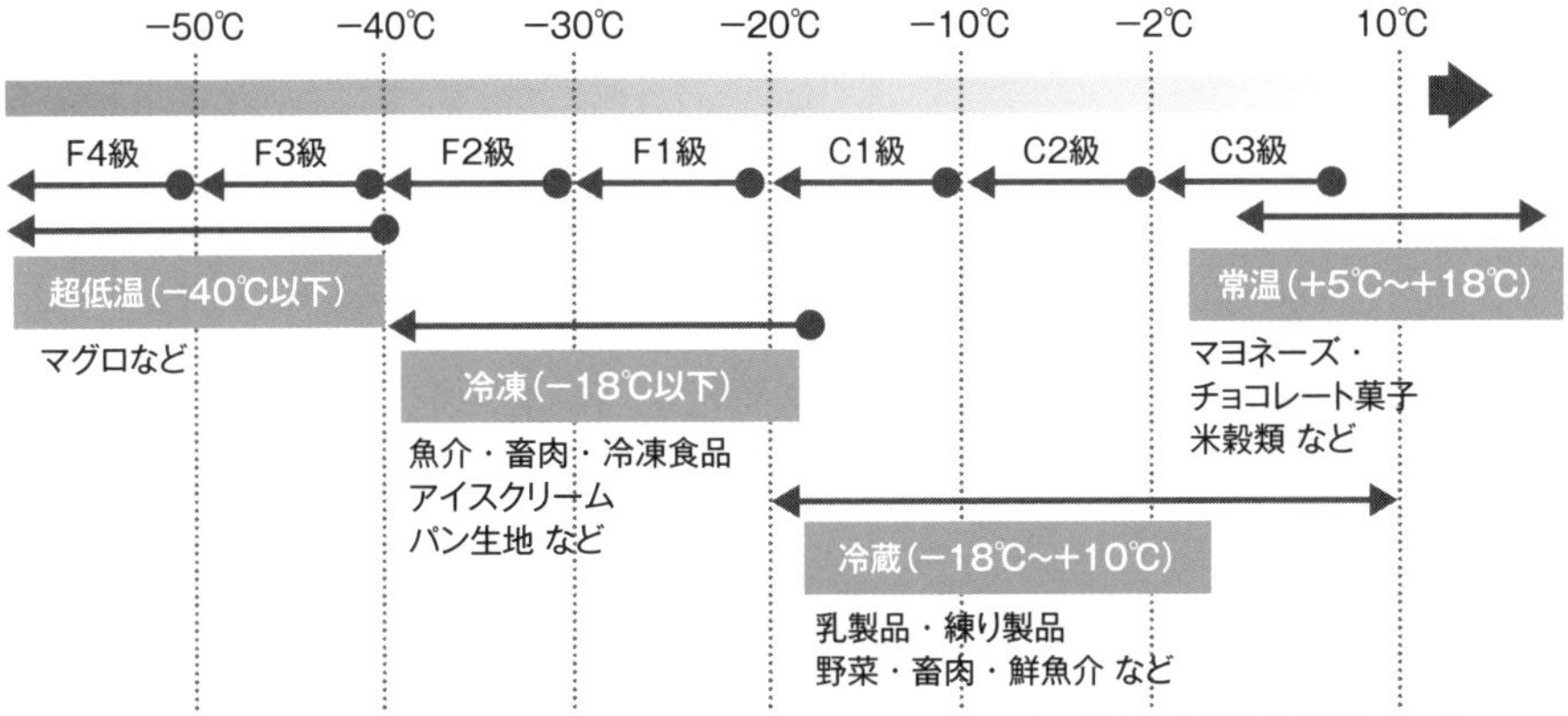

出典：一般社団法人 日本冷蔵倉庫協会 ウェブサイト

25 大量低温保管だけでなく、必要なときに必要な量だけ自在に入出庫

冷蔵倉庫いろいろ

いくつかの冷蔵倉庫の種類を紹介します。

①水産物用倉庫

国内の漁業・養殖業は1990年代以降減少しており、輸入も横ばいか漸減傾向にあります。産地では水揚げされた魚介類は凍結のための冷凍装置、保管のための冷蔵倉庫が必要です。消費地の冷蔵倉庫は、従来は保管形が多かったのですが、現在では配送センターの役割も担っています。

②超低温倉庫

SF級と呼ばれる倉庫であり、保管形の倉庫が主流です。代表的な保管品はマグロで、基地倉庫には大形超低温冷蔵倉庫が多数あります。マグロは、通常の冷蔵庫では、赤身の部分に含まれる色素たんぱく質が酸化してしまうので、超低温にしています。

③農産物用倉庫

穀物、野菜、果実、花木などは収穫後も呼吸をしており、特別な配慮が必要です。野菜やイチゴなどは、予冷施設において0℃付近まで急速に下げることにより、代謝活性を抑制させます。一部の野菜、果実はCA貯蔵といって、庫内の空気組成を制御して農産物の呼吸量を低下させることで品質劣化を防いでいます。

④畜肉用冷蔵庫

食肉は生体からの処理であり、微生物による腐敗や肉質変性が発生しやすいといえます。1996年に発生した腸管出血性大腸菌O-157を原因とする大規模な食中毒発生を契機として、HACCPシステム(152ページコラム)の考えに沿った衛生管理が義務付けられています。

⑤大形配送センター・流通形冷蔵物流センター

ショッピングセンターのように、店舗の大形化、営業の長時間化が進むことで、多種、多品目の商品をこれらのセンターに一時的に集約し、必要に応じて出荷する形態に変化しています。

要点BOX

- 多種多品目の商品を自在に出し入れする流通形冷蔵物流センターがこれからの主役
- 物流センターでは自動化も進む

流通形冷蔵物流センターのコンセプト

システムの狙い		システムの対応
多様な荷主への柔軟な対応	➡	立体自動倉庫と平倉庫の組合せによる複合システム
入出庫・仕分のスピードアップ		高速クレーン・高速搬送機・自動仕分機の採用
省人化		立体自動倉庫・フォークラン・自動仕分機の採用
正確・迅速な管理		在庫管理・作業支援・コントロールのコンピュータ化
寒冷下作業の排除		庫内作業レス・自動化
作業の素人化		作業のルール化・マニュアル化・コンピュータ支援化

出典：一般社団法人 日本物流システム機器協会　資料

大規模な流通冷蔵物流センター

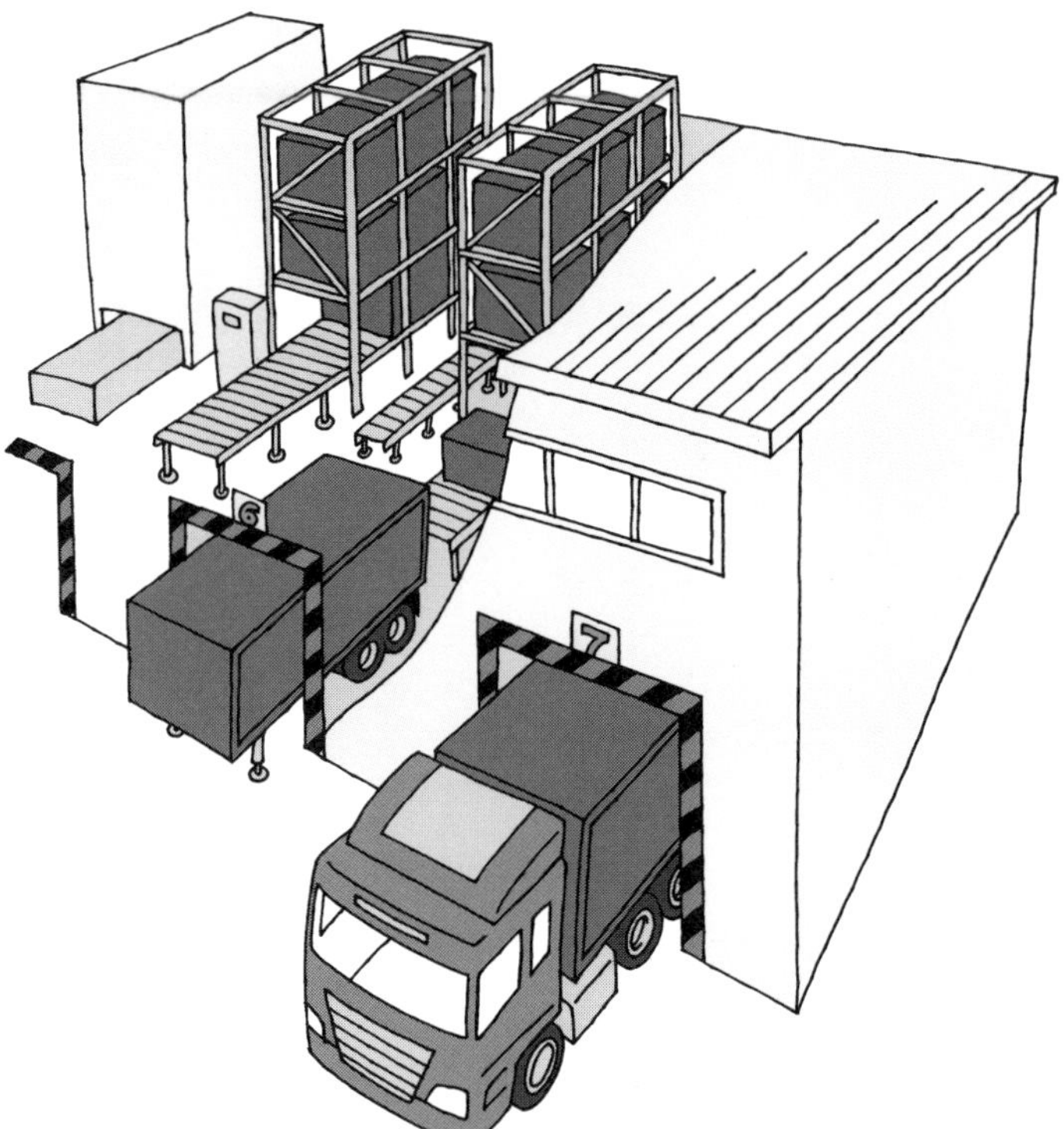

用語解説

CA貯蔵（Controlled Atmosphere storage）：果実や野菜の貯蔵法の一種で、庫内空気中の酸素を減らして二酸化炭素を増やし、かつ温度を低くする貯蔵法で、呼吸作用を抑制して青果物に含まれる糖や酸の消耗を防止するので、普通の冷蔵に比べて鮮度の保持期間が大幅に延長される。

26 野菜や魚介類を新鮮な状態で食卓に届ける冷凍冷蔵技術

豊かな食生活を支える冷凍冷蔵技術

1世紀前には考えられなかったほど、現代の私たちの生活では、多くの野菜や魚介類などの食材が新鮮な状態で食卓に届けられています。このような私たちの豊かな食生活を支えているのが、冷凍冷蔵の技術です。

一般的に、冷蔵は0℃前後からマイナス15℃程度までの温度で食品などを低温貯蔵することをいいます。冷凍は原材料をマイナス15℃以下に冷却して凍結・貯蔵することをいいます。冷凍冷蔵技術は、家庭用・業務用の冷蔵庫はもちろん、スーパーのショーケース、市場や漁港などの大型冷凍保管庫などで活用されています。

海で獲れた魚や畑で採れたレタスが新鮮なまま私たちの口の中に入るのは、水揚げや収穫後にすぐ低温状態におかれ、その後の物流過程でも低温を保たれたまま、スーパーマーケットやコンビニエンスストアなどに運ばれているからです。

冷蔵庫、冷凍庫の温度に関して、JIS規格では「冷蔵庫とは10℃以下、冷凍庫とはマイナス12℃以下」となっています。実際に、冷蔵庫の中の冷蔵室の平均温度は、メーカーや型番によって微妙に差がありますが、大体5℃程度、冷凍室は大体マイナス18℃程度です。

冷蔵庫で冷やして保存することの第一の目的は「食品の衛生性」を保つことです。肉、魚、野菜など、ほとんどの生鮮食品には菌がついています。

菌の多くは、10℃以下（冷蔵庫は0〜10℃）では増殖が遅くなり、マイナス15℃以下（冷凍庫はマイナス18℃以下）では増殖がほぼ停止します。

食材が日持ちするのは、冷蔵、冷凍することで菌の増殖をおさえているからです。しかし、菌が死ぬわけではありません。冷蔵庫の扉の開閉により庫内温度が変化するので、平均温度を保たなければ、食品衛生上良くないということになります。

要点BOX
- ●冷凍と冷蔵の違いは、温度域の違い
- ●冷凍冷蔵の第一の目的は、「食品の衛生性」を保つこと

商品保管温度（冷蔵保管）の目安

食品名	貯蔵温度℃	貯蔵期間
リンゴ	−1~4	3~8ヶ月
みかん	0~9	3~12週
馬鈴薯、晩生	3~10	5~8ヶ月
タマネギ（乾燥）	0	1~8ヶ月
牛肉（新鮮）	0~1	1~6週
豚肉（新鮮）	0~1	3~7日
バター	4	1ヶ月
卵（殻付き）	−2~0	5~6ヶ月
サバ	0~1	6~8日
サケ	−1~1	18日

出典：公益社団法人 日本冷凍空調学会 『食品冷凍技術』

原材料・製品などの保存温度の目安

庫内での汚染を防ぐため、食材は専用の容器などに入れて保管。

室温で保存
穀類加工品
（小麦粉、デンプン）
砂糖、食用油、サラダ油
清涼飲料水

参考：厚生労働省 『大量調理施設衛生管理マニュアル』

27 食材により最適な保存温度は異なる

一般家庭用の冷凍庫が約マイナス15℃であるのに対して、業務用冷凍庫の場合には、温度設定はマイナス30℃～マイナス20℃程度である場合が多いようです。これは業務用の場合には扉の開閉をする頻度が高いので、衛生面を考慮してきちんと冷やされていなければ食中毒などの問題を引き起こす可能性があるため、冷凍庫内の温度が基準値以上に上がらないような設定としているためです。

さらに低いマイナス60℃という設定の冷凍庫もあります。これはマグロ（色素タンパク質）などの鮮度が重要視される品物を保管しておくための設定といえます。冷凍が必要な食材は少しでも解凍された状態になってしまっては鮮度が落ちてしまいます。一般的な食材の冷凍保存温度を左表に示します。また、アイスクリームなどの商品では、メーカーによっても保管方法、温度が異なっている場合があります。

冷凍庫内の温度が約マイナス15℃程度以下であれば、腐敗や食中毒の原因になるほとんどの菌類や微生物、酵素の分解作用が働かなくなります。さらに乾燥や酸化を防ぐことで食品を長期間保存することができます。

肉や魚、野菜などの食品は、平均で60％ほどの水分を含んでいます。この水分が温度の低下とともに氷の結晶となり、食品の細胞膜や細胞壁を押しつぶしたり、こわしたりしてしまいます。ただし、氷の結晶の大きさは、凍る温度とスピードが関わってきます。食品がもっとも速く凍る（氷の結晶が成長しにくい）温度はマイナス40℃付近です。一方、氷の結晶がもっとも大きく成長するのはマイナス5℃～マイナス1℃ですので、この間を素早く抜けて、食品全体をマイナス35℃以下に冷凍（急速冷凍）することで、食材へのダメージを少なくすることができます。

要点BOX
- 食品、食材の鮮度を維持するための最適な保存温度は食品、食材ごとに異なる
- 急速冷凍により食材の鮮度を維持できる

商品保管温度（冷凍保管）の目安

食品名	貯蔵温度℃	貯蔵期間
マイワシ・サンマ	−18	6ヶ月
	−23	12ヶ月
マグロ・カジキ（生食用）	−30	3~6ヶ月
	−40	6ヶ月
タイ	−18	3~5ヶ月
	−25	12ヶ月
エビ・カニ	−18	6~12ヶ月
	−25	12~25ヶ月
かき・ホタテ	−18	5~9ヶ月
	−23	9ヶ月

出典：公益社団法人 日本冷凍空調学会 『食品冷凍技術』

急速冷凍と、ゆっくり凍らせた場合の温度と時間の変化

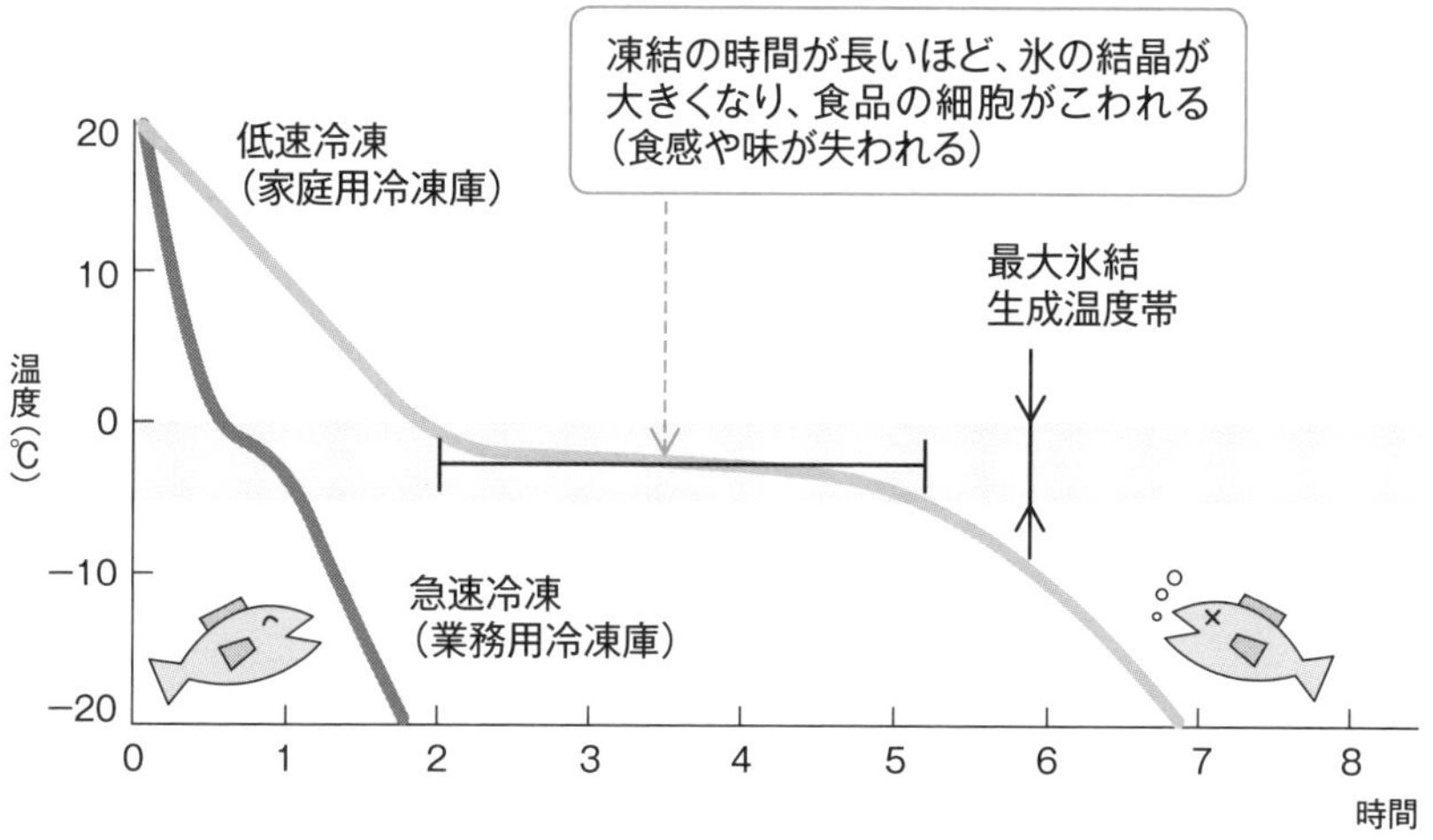

参考：一般社団法人 日本冷凍食品協会 ウェブサイト

28 冷凍冷蔵は食品だけでなく医療、交通、レジャーなどいろいろ

冷凍冷蔵機器と我々の生活

冷凍冷蔵機器は、皆さんが想像する以上に非常に幅広い分野に広がっており、人間の生活と切り離すことができません。

使用場所で見ると、家庭にある冷蔵庫からコンビニ・スーパーの業務用冷蔵庫、ショーケース、郊外にいくとスケートリンクや冷蔵庫があり、トラック、船、飛行機には冷凍コンテナが積まれているなど多岐にわたります。

ここでは、冷凍冷蔵機器がどのような分野で使われているのかを俯瞰しましょう。

空調は「人」を快適な状態に維持することですが、冷凍冷蔵は人以外の「物」を冷却・凍結・保存することが目的です。したがって、その温度は人間にとって快適な状態よりも低くなります。対象は人間以外のすべての物で、小さいものでは素粒子（量子コンピュータ）から、大きいものでは冷凍食品を数百万トンも収容するような冷蔵庫など千差万別です。用途で分類すると

①食品の冷凍冷蔵

野菜・果物・穀類・飲料・肉・魚、および加工食品（パン・麺・ハンバーグなど）

②医療

MRI（核磁気共鳴画像）診断、粒子線治療、細胞凍結保存

③エネルギー応用・インフラシステム

リニアモーター、核融合、LNG（液化天然ガス）・LPG（液化石油ガス）の液化、空気分離装置、水素スタンド（圧縮ガスの冷却）、土壌凍結、火薬

④理化学機器、電子機器

計測機器（天体・重力波観測など）、恒温恒湿槽、電子制御機器

⑤レジャー

スキー場、スケートリンク

などがあります。

要点BOX

- ●冷やすものは食品だけでない
- ●私たちの知らないいろいろなところに冷凍空調技術が

冷やすものいろいろ

食品

高級冷凍マグロは、
−60℃で凍っている

ショーケースは鮮度
を保持しながら目を
楽しませてくれる

"主婦の味方"冷凍食品は
−18℃以下で保管しよう

エネルギー応用・インフラシステム

〜 磁気で浮上して時速500km 〜

車体の浮上と推進を受け持つ超電導磁石はヘリウム冷凍機で−269℃に冷却している

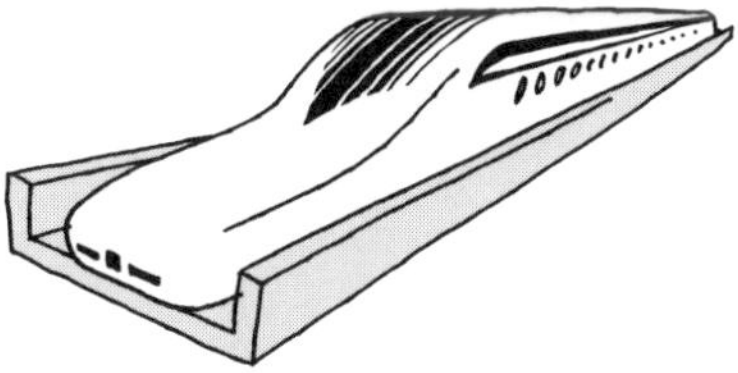

LNGタンカー

天然ガスは−162℃まで冷却すると液体になり、体積は600分の1になる。グッと縮めて、効率よく運搬する

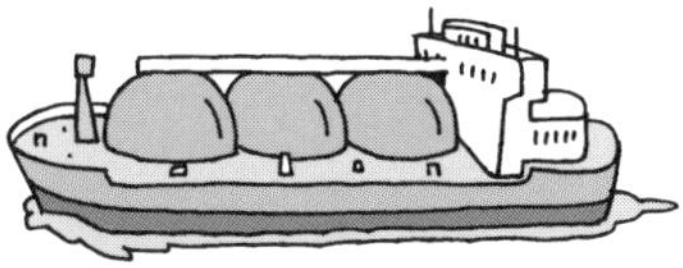

医療

MRI・CT装置

超電導磁石を冷却している

アイシング

冷却によるリウマチ、関節炎、神経痛の痛みの緩解、外傷による出血、腫脹、疼痛の抑制

理化学機器：天体観測

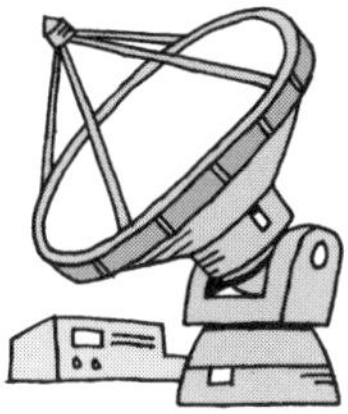

電波望遠鏡はヘリウム冷凍機で極低温に冷却することにより、ノイズを減らし、検出器の感度を大幅に向上させている

レジャー

街の中にもスケートリンクやスキー場

リンクの下には配管がはりめぐらされ、−10℃の不凍液を流すことによって氷を作る

霧のように細かい水滴を空気中で凍らせる人工降雪機"自然雪に近い"と、巨大なかき氷機の人口造雪機がある

29 エネルギーの消費の4割は熱に変換して利用している

冷熱・温熱として利用している

産業部門、民生部門、運輸部門などの各部門で実際に消費されたエネルギーの量を最終エネルギー消費量といいます。国内の最終エネルギー消費量は2005年度をピークに減少傾向になりました。

2011年度からは東日本大震災以降の節電意識の高まりなどによってさらに減少が進みました。過去40年間の部門別の最終エネルギー消費量の動向を見ると、産業部門が1・0倍、民生部門が2・0倍、運輸部門が1・7倍へと変化しました。

産業部門では第一次石油ショック以降、経済成長する中でも製造業を中心に省エネ化が進んだことから同程度の水準で推移しました。一方、民生部門・運輸部門ではエネルギー利用機器や自動車などの普及が進んだことから、大きく増加しました。その結果、産業部門、民生部門、運輸部門の各部門のシェアは、第一次石油ショックの1973年から2017年には左表のように変化しました。

国内において、最終エネルギー消費量のうち約4割は熱（冷熱、温熱）に利用されています。そのうち半分以上が工場における冷温熱需要が占めています。

さまざまな業種の工場において、エネルギーを熱に変換して使用しています。その温度領域は、マイナス90℃の低温度域の冷却から100℃を超える高温度域での加熱まで、目的に合わせて温度を操っています。たとえば、食品工場においては、焼上げや煮炊き、殺菌などの加熱工程があり、その多くに蒸気を使用しています。一方、原料や製品の冷蔵・冷凍、殺菌後の冷却など、冷却工程も存在します。

製造業は、生産コスト低減の観点からエネルギー効率に対する関心が高い業種です。省エネルギーに積極的に取り組み、さらには、企業の環境保護の意識の高まりと相まって、エネルギーの消費効率の改善が進んでいます。

要点BOX
- ●エネルギーの約半数は産業部門で消費している
- ●エネルギーの形態では約4割が、熱に変換して利用されている

エネルギー消費量の移り変り

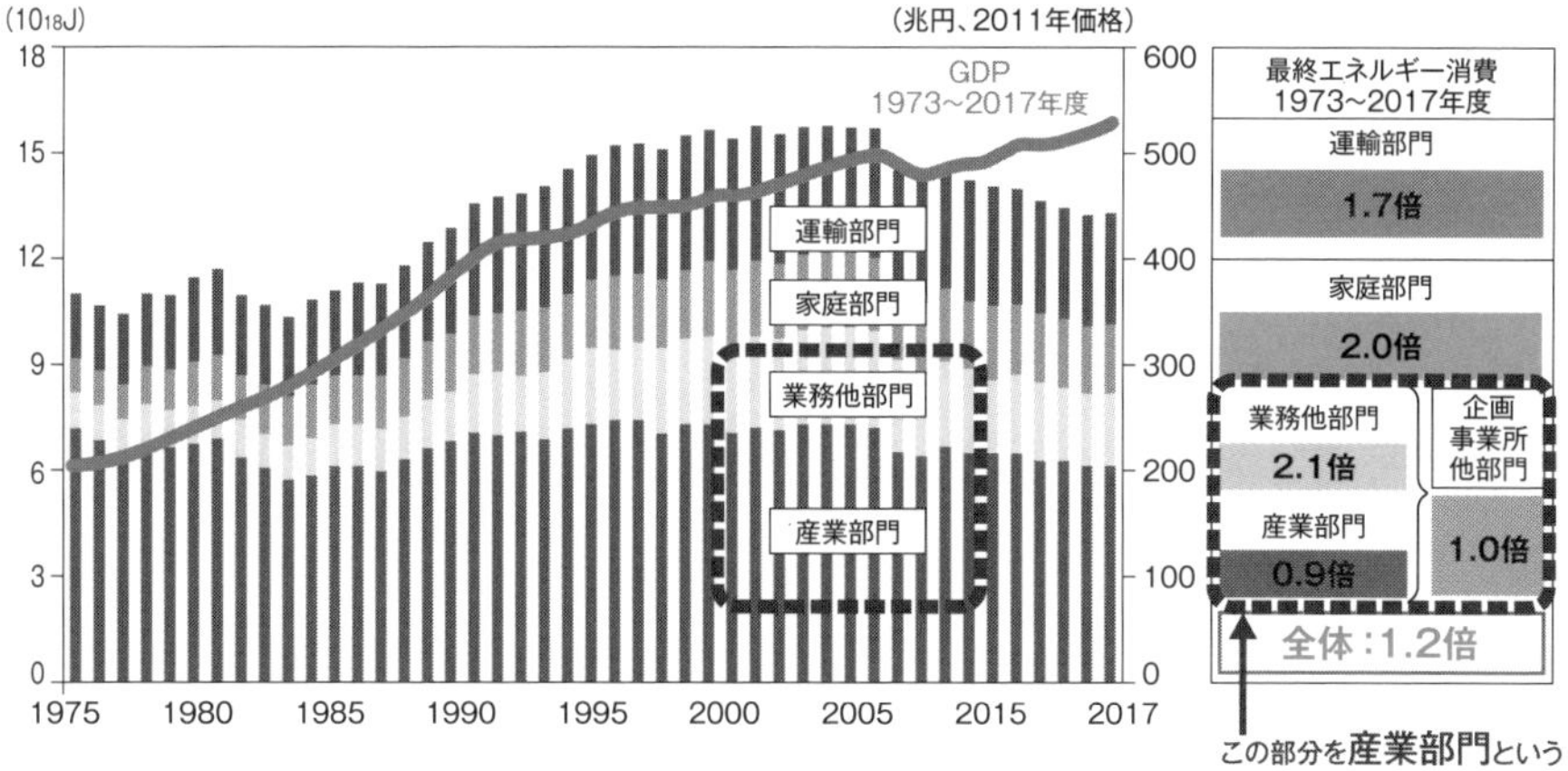

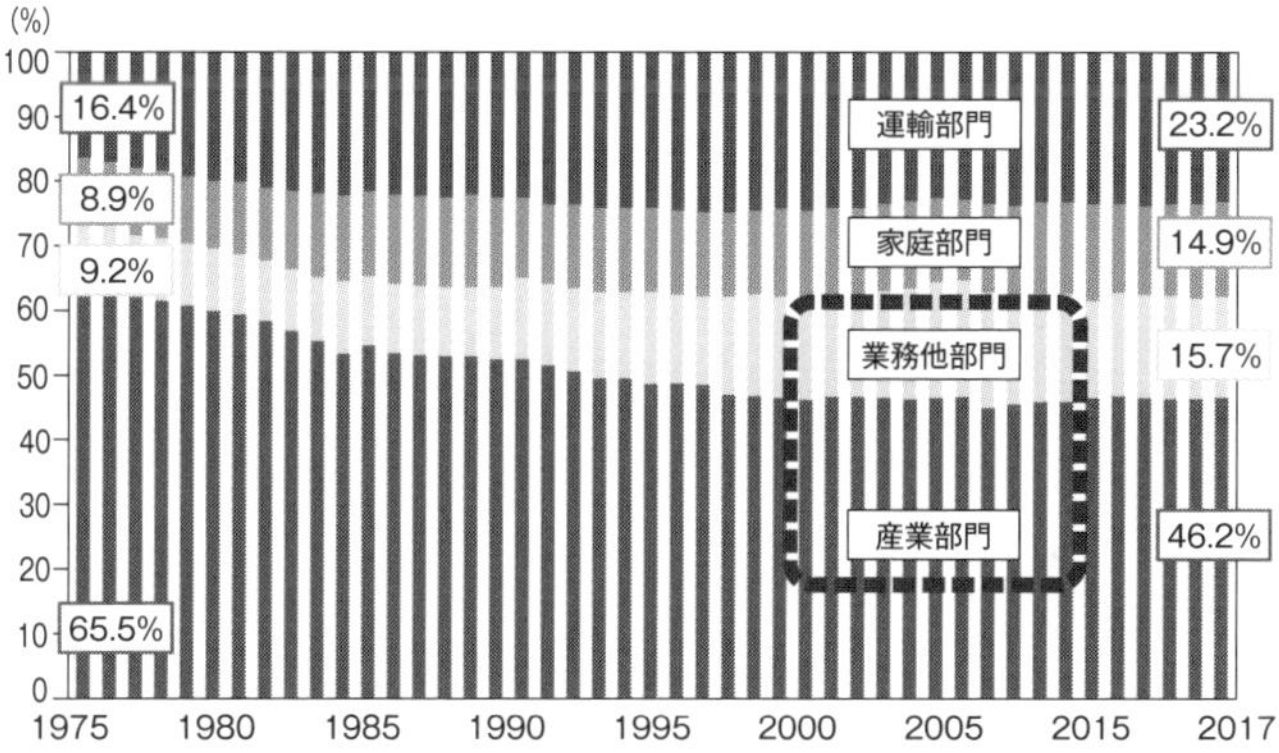

出典：経産省資源エネルギー庁　『エネルギー白書2019』

各部門のシェアの変化

(%)

	1973年	2017年
産業部門	74.7	62.0
民生部門	8.9	14.9
運輸部門	16.4	23.2

出典：経産省資源エネルギー庁　『エネルギー白書2019』

30 業種や作業内容により、熱の利用温度帯は幅広い

産業界では幅広い温度領域の利用

左図に示すように、産業別、作業工程別、商品別にさまざまな温度帯で、冷熱需要があります。いくつかの事例を紹介します。

① 自動車のボディーの塗装の事例：1回目の塗装の後、170℃〜190℃で20分程度乾燥させます。2回目の塗装の後は、140℃〜150℃の温度で20分程度、3回目は140℃で同じく20分程度の乾燥という工程があります。

② 冷凍食品の製造の事例：食品にマイナス30℃以下の低温の冷気を強く吹きつけ、できるだけ短時間〈(一社)日本冷凍食品協会の認定基準では概ね30分以内〉に最大氷結晶生成温度帯を通過するよう急速凍結し、マイナス18℃以下まで冷却し保管します。

食品によっては、マイナス60℃以下といった超低温凍結装置を用いるものもあります。

③ 半導体製造時の事例：半導体のウェーハの表面に回路パターンを焼き付けるために、ウェーハを約900℃〜1100℃の高温炉の中で、酸化性雰囲気にさらし、表面に酸化膜を成長させます。

④ ビールの発酵工程での事例：ビールを一言で表すとすれば、「水と麦芽、ホップを発酵させて造ったアルコール飲料」です。この発酵方法のうち、「上面発酵」と「下面発酵」では、発酵させる温度が異なります。上面発酵のビールは、15℃〜25℃ほどの高めの温度で、3〜5日という短期間で発酵させて造るビールです。下面発酵のビールは、10℃前後の低温で、約1週間かけて発酵させて造るビールで、ラガービールと呼ばれています。

これらはほんの一例で、あらゆる産業の中で、温度を適切に利用することで、効率よく高品質の商品を生産することができます。水分を含んだ食品や原料をマイナス30℃程度で急速に凍結し、さらに減圧して真空状態で水分を気化させて乾燥させるフリーズドライ食品もそのひとつです。

要点BOX
- ●冷熱・温熱の利用は、あらゆる産業の下支えの役割を果たしている
- ●業種、工程により幅広い温度領域で熱を利用

さまざまな温度帯の冷熱需要

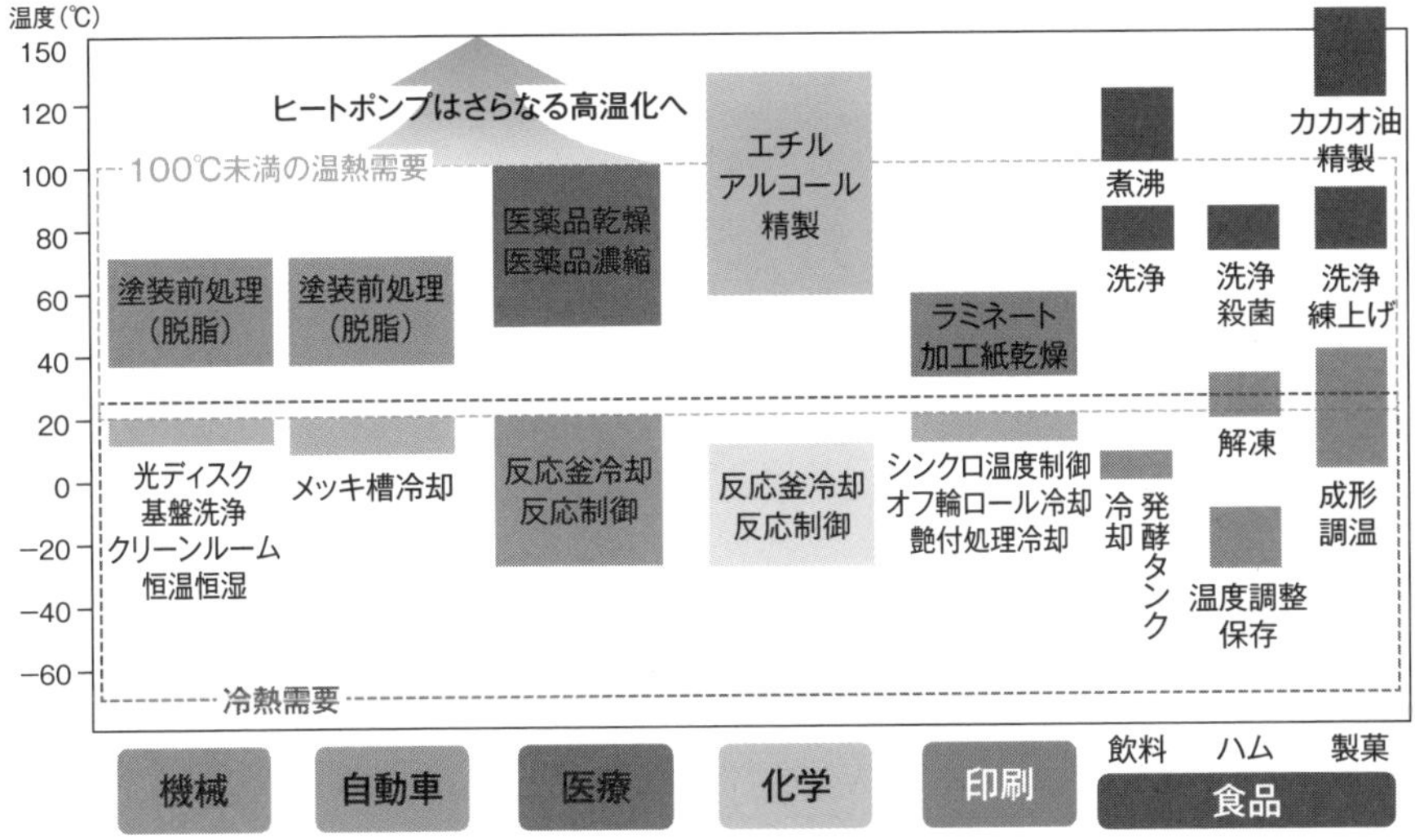

出典：一般財団法人 ヒートポンプ・蓄熱センター

Column

冷凍冷蔵業界での業界団体の役割

食の安全確保のために、次のような団体があります。

①(一社)日本冷蔵倉庫協会

国民食生活にかかわる冷蔵倉庫業の重要性に鑑み、冷蔵倉庫業の健全なる発展を図り、もって公共の福祉に寄与することを目的としています。

②(一社)日本冷凍食品協会

冷凍食品の普及啓発、品質・技術の向上及び冷凍食品産業の健全な発展を図ることにより、食料資源の有効利用と国民生活の安定向上に資することを目的としています。

③(一社)日本自動販売機工業会

自販機や金融機器(ATMなど)等の総合的な進歩発展、普及促進を図るとともに、偽造貨幣への対策を検討し、わが国経済の発展に寄与することを目的としています。

④日本自動販売協会

安心・安全な清涼飲料や食品などを消費者へ提供するために、自動販売機の適正な管理の推進を図るとともに、会員の健全な発展と社会に寄与することを目的としています。

⑤(一社)日本物流システム機器協会

物流システム機器業界が抱える共通の課題を解決するため、行政、他団体との効率的な連携および国際交流の推進を図り、もって物流システム機器業界の世界的発展と地位向上に寄与することを目的としています。

⑥(一社)日本食品機械工業会

食料品加工機械およびこれらの関連機械器具・装置に関する調査および研究、安全・衛生化および標準化の推進、情報の収集および提供などを行い食品機械工業の総合的な進歩発展を図り、もってわが国産業の振興および国民生活の向上に寄与することを目的としています。

第4章

冷凍空調技術の歴史

31 古代エジプト時代から繋がる冷やす技術

水が蒸発するとき周りから熱を奪う

古代エジプト（紀元前25世紀以前）では、素焼きの壺に水を入れて、その壺を大きなうちわであおいだり、その壺を風通しの良い場所においたりして、壺の壁面から染み出た水を蒸発させて壺の水を冷却させたそうです。するとその壺の壁面の温度が下がって、その壺の中の水や、壺の周りにおかれた物を冷やすことができることを古代エジプト人は知っていました。

水が蒸発して蒸気になる際（状態変化）に必要な熱、いわゆる蒸発熱（94ページコラム）、蒸発潜熱によって、壺の中の水や周囲の熱が奪われたことにより冷却が行われるようになります。たとえば、25℃の水1gが蒸発する場合には2442Jの熱を必要とします。

紀元前のインドや古代ギリシャ、ローマ時代にもこの蒸発熱による冷却方法が採用されていました。インドや古代ギリシャでは、夜の間に大気へ熱が放射されることを利用して冷たくなった水を蒸発させ蒸発熱によって、さらに冷却したそうです。蒸発熱は温度が下がると増加し、0.1℃では1gの水当たり2501Jになります。

現在でも、庭や道に打ち水をして、その蒸発熱を利用して冷気を得ることがあります。より多くの水が撒かれて蒸発すると多くの熱が奪われて、涼しくなります。おしぼりで手や顔を拭くと冷たく感じるのも、手や顔に付いた水やアルコール水が蒸発するためです。おしぼりが冷たいのは素焼きの壺と同じ原理です。

また、冷凍空調機器では、機器内を循環する冷媒の熱を放熱させる凝縮器があり、その放熱方式として、水で冷却する水冷式と空気で冷却する空冷式の他に蒸発式があります。蒸発式凝縮器（冷却塔）は、空冷式凝縮器をさらに良く冷やす目的で凝縮器に水を散布したり、循環水を流したりして、凝縮器の表面に付着した水の蒸発熱によって冷却能力を向上させます。この方法は古代エジプト人の考えた方法なのです。

要点BOX

●古代エジプトでは、水が蒸発して蒸気になる際に、壺の中の水や周囲の熱が奪われたことにより冷却が行われることを知っていた

冷やす技術のいま、むかし

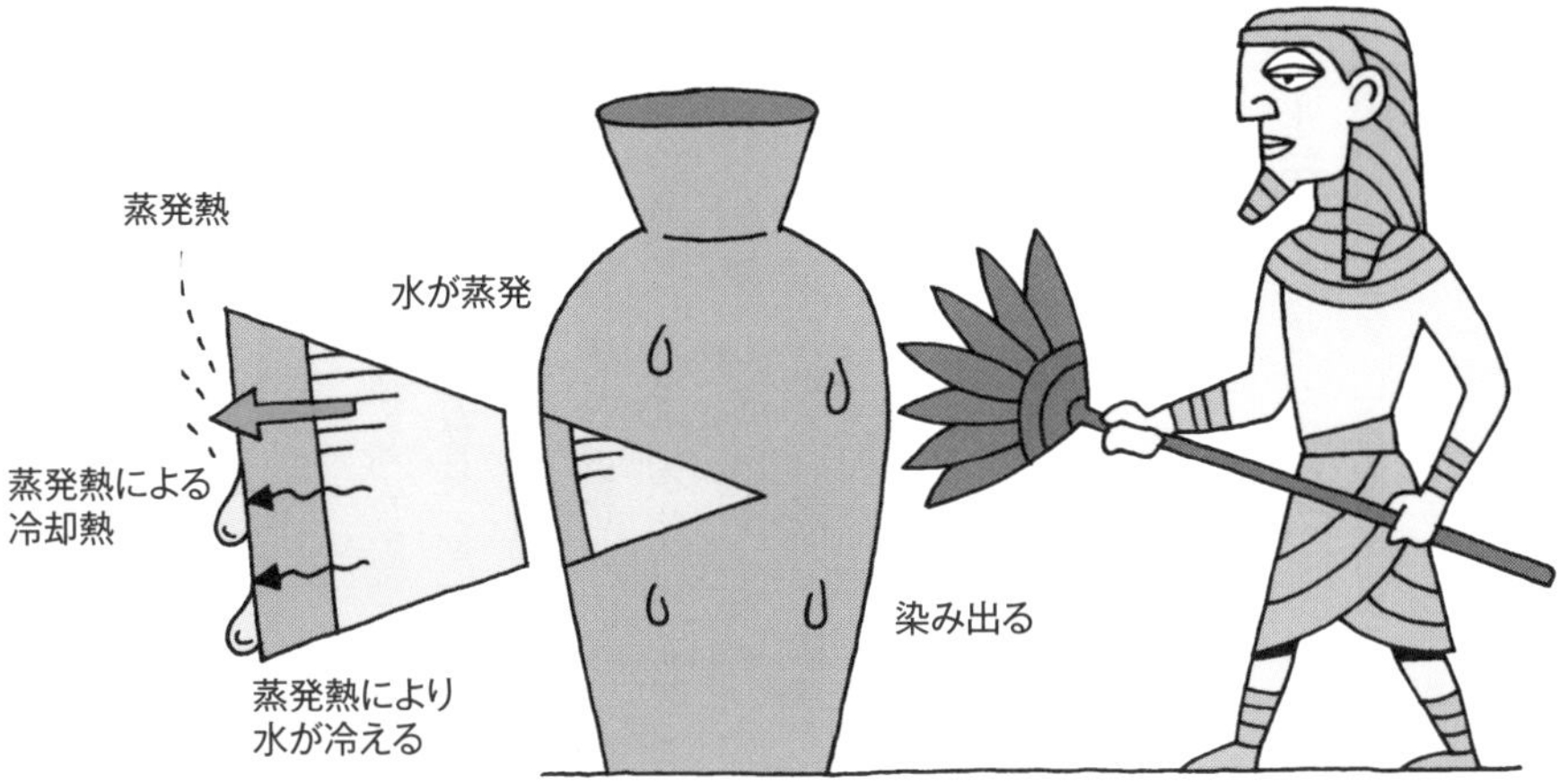

壺壁面の水が蒸発して
中の水の温度が下がる

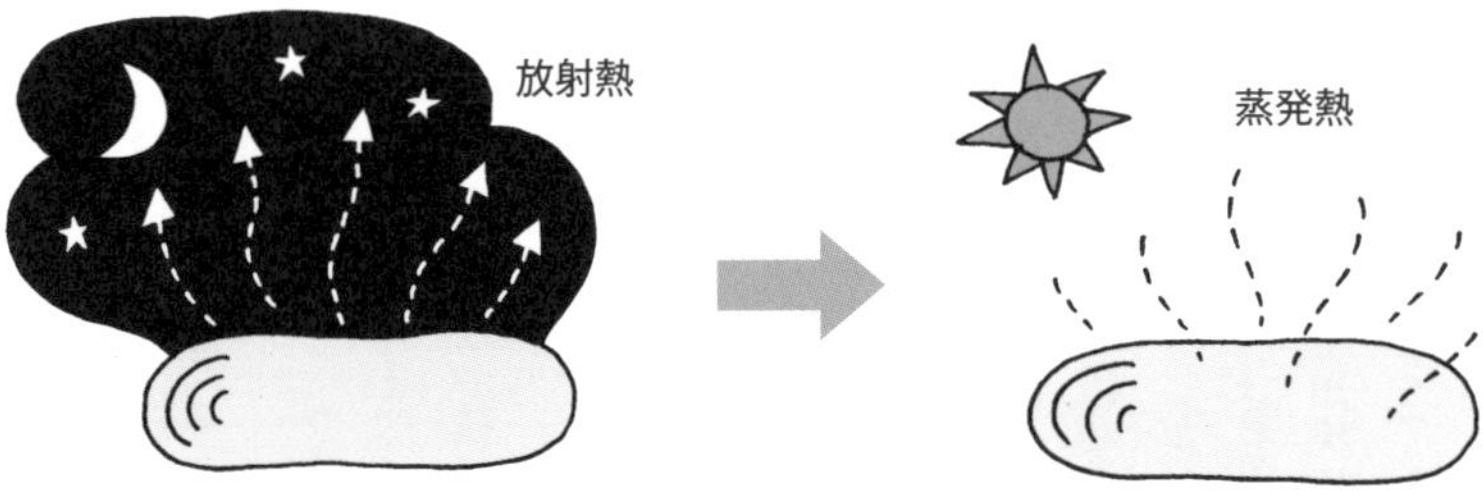

放射冷却によって
水温が下がる

さらに、蒸発熱によって
水温が下がる

水を機械的に散布して
凝縮器をさらに冷やす

打ち水で蒸発熱による冷却

32 氷水に塩を混ぜると0℃より低い氷水になる

0℃より低い温度の氷水

日本では古くから冬に積もった雪や、凍結した池や湖の氷を氷室に入れて保存し、夏に低温の氷を入手することができました。日本書紀には、紀元374年の記述に氷室が登場し、近世まで夏の高級品として天皇家や将軍家に天然の氷や冷水を献上していました。氷室は洞窟や地面に掘った穴の中にあり、地下水の流れやその蒸発熱を利用して除熱することで外気よりも低温に保つことができ、天然氷を貯蔵することができました。現在でも、お酒や食品の熟成や貯蔵にこの方式が使用されることがあります。

アイスクリームやアイスキャンディを作る際には、氷の温度（0℃）では高すぎます。もっと冷やすために、氷に塩を混ぜて、より低温の氷水を作り出す必要があります。氷（固体の水）が液体の水になる際には熱を吸収し（溶解熱）、さらに食塩が水に溶解する際に吸熱反応が起こり、マイナス21・3℃に到達します。

水が冷却されてゆくと水の凝固点の0℃で凍るのですが、非常にゆっくりと温度を下げていくと0℃より低温の水が得られる場合があり、その状態を過冷却といいます。雨氷や霧氷も過冷却状態の雨や霧によるものです。過冷却状態の水に振動などの刺激を加えたり、過冷却状態の雨や霧が岩や木などにぶつかったりすると、急速に凝固します。

冷蔵庫の中には過冷却を利用した貯蔵方式を採用しているものがあります。過冷却状態から冷凍することで、氷結に伴う食品の細胞膜の破損を防ぎます。細胞膜が破損すると細胞液が細胞の外に出てしまい食品や飲み物の味や色などが変化するので、細胞膜が破壊しないように0℃以下の低温でも凍らせない状態にして長時間の保存を可能にする方法があります。

また、食品を過冷却状態にして急激な温度変化や衝撃で氷核を形成させて食品の細胞膜の破損を防ぎながら一気に凍結させることもあります。

要点BOX

●氷が液体の水になる際には熱を吸収し、さらに食塩が水に溶解する際に吸熱反応が起こり、マイナス21.3℃に達する

より冷たい氷をつくる

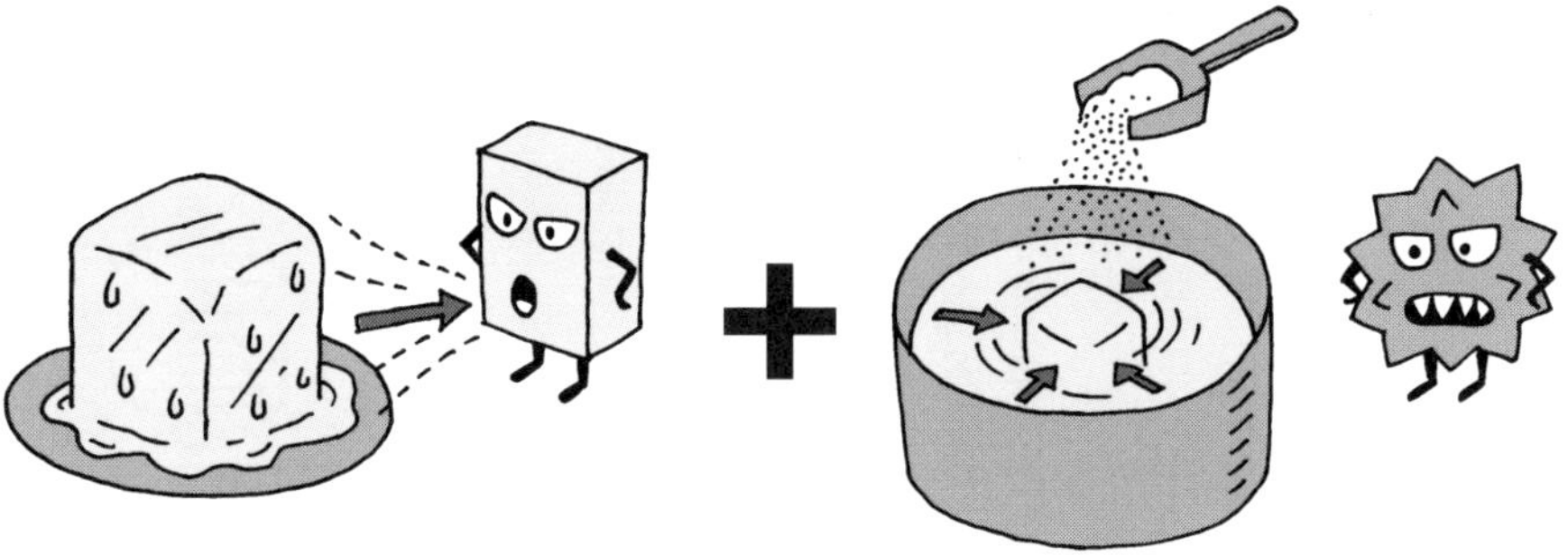

融解熱で熱を吸収

溶解熱で熱を吸収

融解熱と溶解熱でアイスクリームを作る

過冷却ってなに?

ゆっくり温度を下げると
水は凍らない

刺激があると急に凍る

33 熱を運ぶ物質（冷媒）の登場で冷やす技術の発展

液体が蒸発して気化するときの熱を利用

機械により低温を作り出す方法の1つに、液体の蒸発潜熱を利用する技術があり、現在の冷凍空調機器ではこれを使う冷凍サイクルが一般的です。

低温を得る流体を一般的に冷媒と呼びます。流体である冷媒は、その圧力が低いときには低い温度のまま（定温）で蒸発、凝縮により状態変化し、圧力が高いときには高い温度のまま（定温）で状態変化します。

冷凍サイクルでは、冷媒の性質を利用して低い圧力で冷媒蒸発させて周囲から熱を吸収します。その気体状態にある冷媒の圧力と温度を高くしたのち、この気体を凝縮させて、周囲に熱を放出します。そして液体状態の冷媒の圧力を下げて低温にして、再び蒸発させて熱を吸収します。つまり冷媒の圧力を上げることで熱を低温部から高温部に移動させることができるのです（ヒートポンプ）。

低温側の冷熱（吸熱）を利用するものとしては冷凍機、製氷機、エアコン（冷房）などがあり、高温側の温熱（放熱）を利用するものとしてはエアコン（暖房）、給湯機、蒸気発生器などがあります。

冷媒の蒸発潜熱を利用する冷凍サイクルには、低圧低温の冷媒蒸気を圧縮機で機械的に圧縮し、昇圧させる蒸気圧縮式冷凍サイクルがあります。

これに対して、砂糖水やアンモニア水のような溶液の性質を利用して、冷媒蒸気の圧力を上昇させる吸収式冷凍サイクルがあります。低温低圧の冷媒蒸気（溶媒）を揮発しにくい溶質が濃い吸収液（溶液）に吸収させます。その薄められた吸収液に熱を加えることで、溶質の成分が濃い吸収液に分離させて高温高圧の冷媒蒸気を得るサイクルです。吸収式冷凍サイクルは機械的ではなく、熱的にヒートポンプ動作を行なうので熱駆動冷凍サイクルとも呼ばれます。蒸気圧縮式冷凍サイクルも吸収式冷凍サイクルも冷媒や溶液の種類によってサイクル性能が変わるので、適切な冷媒や溶液を選択します。

要点BOX
- 現在の冷凍空調機器では、蒸発潜熱を利用する冷凍サイクルが一般的

冷媒の働き

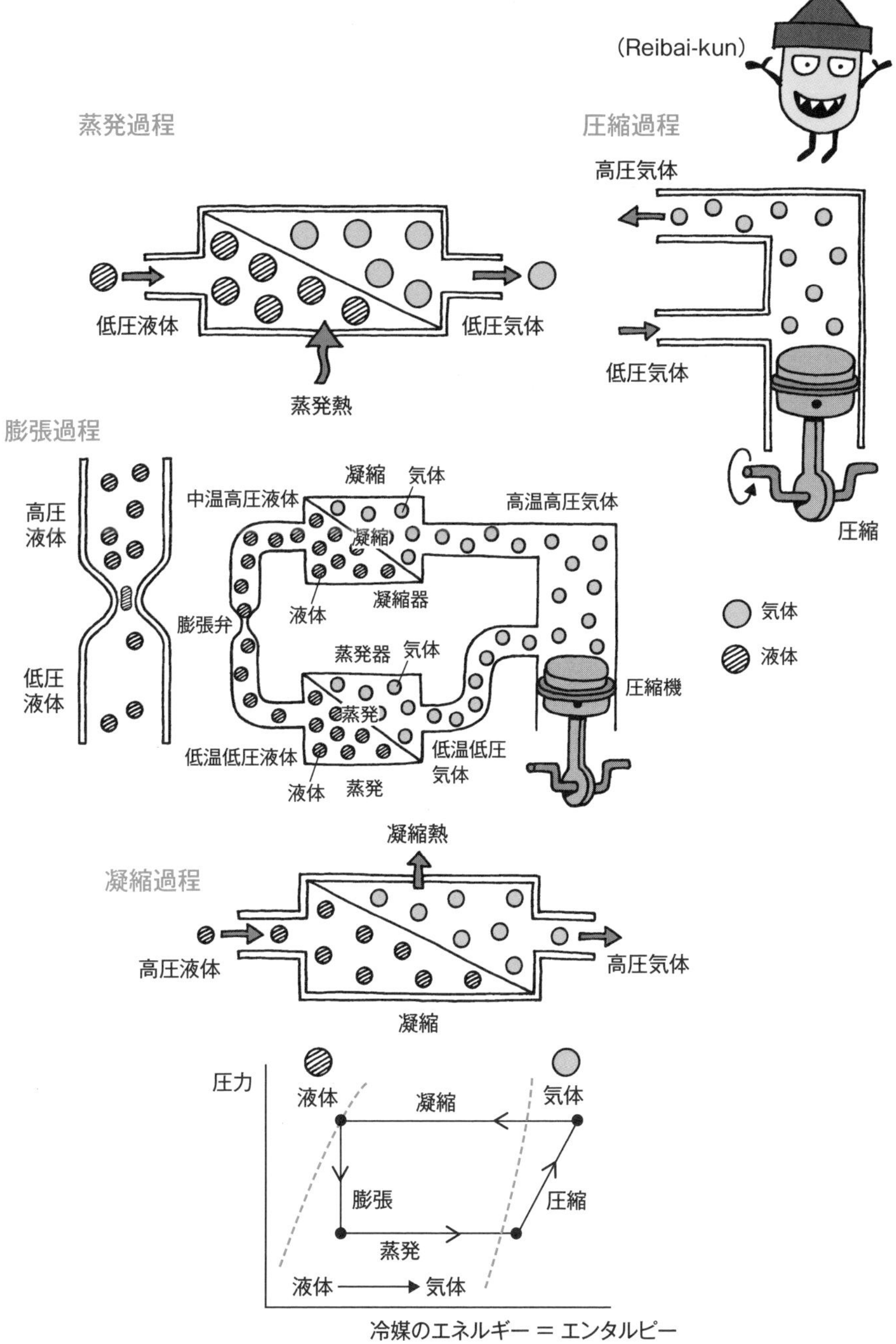

(Reibai-kun)
蒸発過程
低圧液体
低圧気体
蒸発熱
圧縮過程
高圧気体
低圧気体
圧縮
膨張過程
高圧
液体
低圧
液体
凝縮
気体
中温高圧液体
凝縮
液体
凝縮器
高温高圧気体
膨張弁
蒸発器
気体
蒸発
圧縮機
低温低圧液体
液体
蒸発
低温低圧
気体
気体
液体
凝縮熱
凝縮過程
高圧液体
高圧気体
凝縮
圧力
液体
気体
凝縮
膨張
圧縮
蒸発
液体
気体
冷媒のエネルギー = エンタルピー

34 蒸気を圧縮する方式が冷凍サイクルの主流

蒸発したガスを圧縮することで冷凍サイクルを構成

冷媒の蒸発潜熱を利用する冷凍サイクルには、圧縮機によって機械的に冷媒蒸気を圧縮し昇圧させる蒸気圧縮式冷凍サイクルおよび溶液の性質を利用して冷媒蒸気の圧力を上昇させる吸収式冷凍サイクルがあります。

1830年に米国のJ・パーキンスがエチルエーテルを冷媒として使用した蒸気圧縮式冷凍機で製氷に成功し、1834年に特許を取得しました。そののち、エチルエーテル、メチルエーテル、空気（ただし空気は蒸発潜熱を利用する蒸気圧縮式ではなく、気体を膨張させてその際の吸熱を利用する空気冷凍サイクル用）、二酸化炭素、アンモニア、二酸化硫黄、塩化メチルを冷媒として機械的に圧縮させる冷凍サイクルが開発されました。

溶液の性質を利用して高温高圧の蒸気冷媒を得る吸収式冷凍機は、1860年にF・カレがアンモニアを冷媒とする吸収式冷凍機を制作したものが初まりで、1859年にカレは特許を取得しています。

日本では1872年に日産5トン程度の吸収式冷凍機が初めて輸入され、それを用いた製氷工場が大阪および横浜に建設されました。当時はまだ中川嘉兵衛の天然氷（1864年横浜に貯氷庫）や輸入された天然氷が活況でした。米国ボストンから天然氷が日本や東南アジアまで船で輸出されていました。

日本において冷凍機が本格化するのは1880年ごろからで、横浜や大阪でエーテル、東京で二酸化炭素、アンモニアを冷媒とする蒸気圧縮式冷凍機による製氷が始まり、天然氷と競争するようになりました。より便利な電気の普及とより安全な冷媒の開発によって電動モーター駆動蒸気圧縮式冷凍サイクルが主流になりました。加えて、より環境負荷の少ない天然ガスを燃料とするガスエンジン駆動式や排熱などの未利用エネルギを高温熱源とする吸収式冷凍機も活躍しています。

要点BOX

●冷媒の蒸発潜熱を利用する冷凍サイクルには、蒸気圧縮式冷凍サイクルと吸収式冷凍サイクルがある

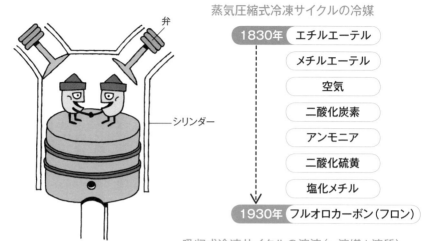

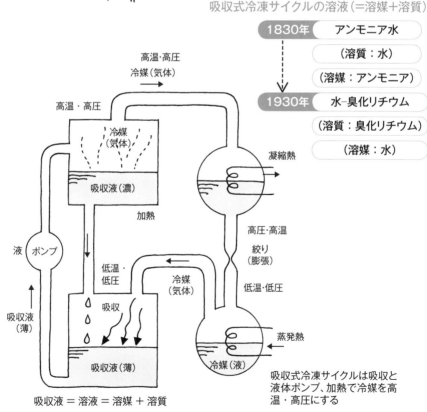

冷凍サイクルに使われる冷媒

蒸気圧縮式冷凍サイクルの冷媒

- 1830年 エチルエーテル
- メチルエーテル
- 空気
- 二酸化炭素
- アンモニア
- 二酸化硫黄
- 塩化メチル
- 1930年 フルオロカーボン（フロン）

吸収式冷凍サイクルの溶液（＝溶媒＋溶質）

- 1830年 アンモニア水
- （溶質：水）
- （溶媒：アンモニア）
- 1930年 水−臭化リチウム
- （溶質：臭化リチウム）
- （溶媒：水）

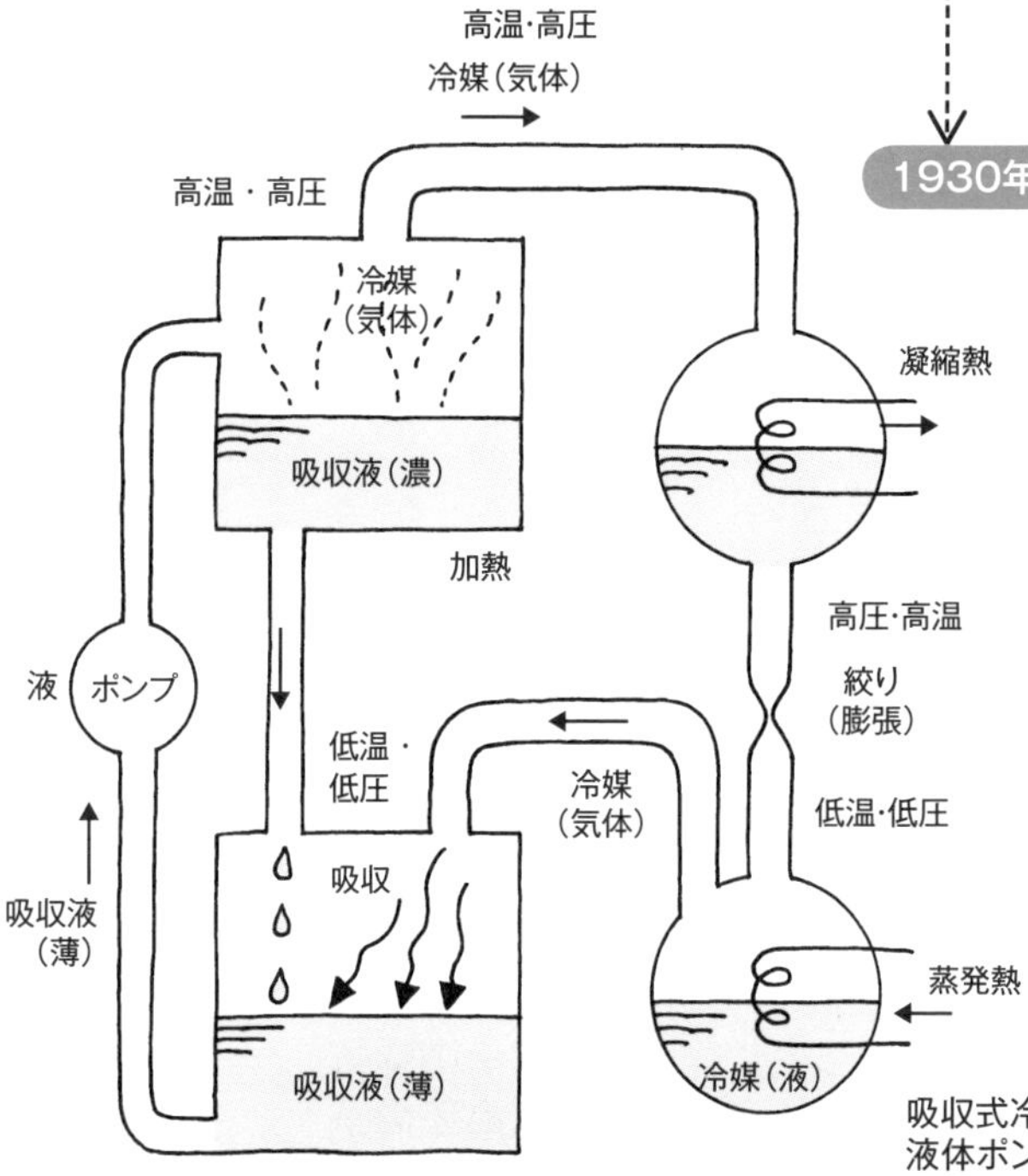

吸収液 ＝ 溶液 ＝ 溶媒 ＋ 溶質

吸収式冷凍サイクルは吸収と液体ポンプ、加熱で冷媒を高温・高圧にする

35 飛行機内の冷房は蒸気圧縮式とは異なる方式

空気を圧縮、冷却、減圧して冷房

冷媒の蒸発潜熱を利用する冷凍サイクルの他に冷媒の顕熱（冷媒に熱を加えると状態変化を行わないで温度を上昇させる熱）を利用するサイクルがあります。代表的なものとして、空気冷凍サイクルがあります。

空気冷凍サイクルは空気を圧縮して空気を高温高圧にしたのち、冷却し、常温高圧の空気にします。この常温高圧の空気を減圧すると、低温低圧となり、常温以下の空気を容易に得ることができます。通常この空気をそのまま冷蔵庫や室内に吹き出します。

航空機の機内冷房や航空機の電子機器や冷凍冷蔵庫の冷却にはこの方法が用いられます。ジェットエンジンの内部から、圧縮されて高温高圧になっている燃焼前の空気を取り出して（レシプロエンジンの場合にはエンジンによって駆動される過給機で空気を圧縮して）、外気に熱を放熱して冷却した後、タービンなどで減圧して、低温の空気を得て対象物にあてたり、庫内に流して直接冷却します（開サイクル）。この空気は航空機の機内の与圧（酸素分圧を保ち搭乗する人間や動物が普通に生存できるようにする）にも使われます。

空気冷凍機は航空機以外の冷凍冷蔵にも使用されています。冷凍冷蔵用の空気冷凍機は高温高圧の空気を得るためにタービンを用いて圧縮し、熱交換器を用いて、放熱、冷却したのち、この空気を再度圧縮したり（閉サイクル）、冷却された空気をそのまま庫内に流したりします（開サイクル）。冷却空気の温度はマイナス50℃以下から空気が液化するマイナス190℃付近までに達します。

空気冷凍機の歴史は蒸気圧縮式冷凍機とほぼ同じころから始まり、米国のJ・ゴーリーが1844年に開サイクルを開発し、1862年にスコットランドのA・C・カークが閉サイクルの空気冷凍機を開発しました。1900年ごろには船舶の冷蔵庫のうち約3分の1が空気冷凍機で占められていました。

要点BOX

●空気冷凍サイクルは空気を圧縮してその空気を高温高圧にしたのち、冷却し、常温高圧の空気にする

飛行機内の冷房

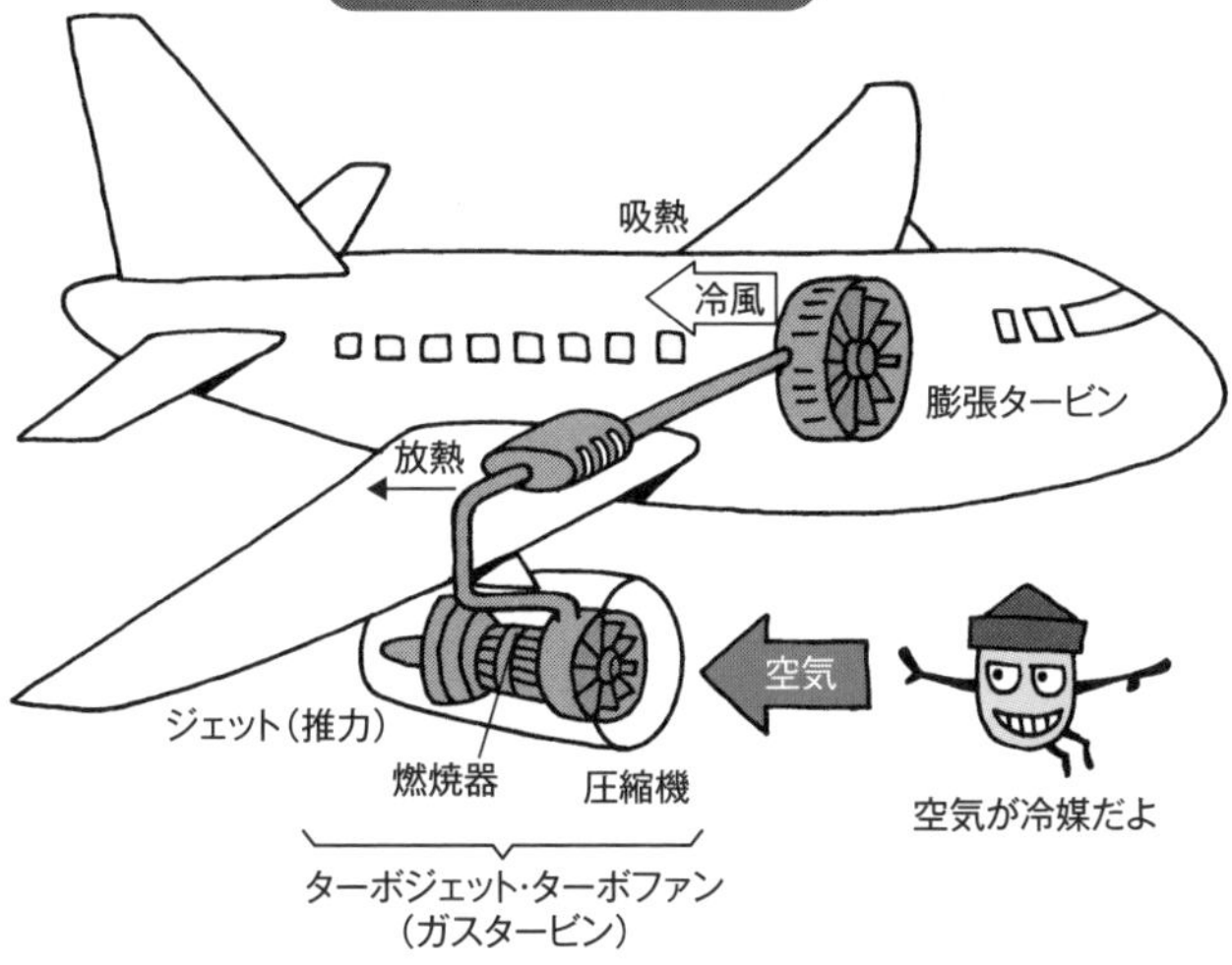

飛行機の冷房は空気を圧縮して冷気を得る（空気冷凍サイクル）

空気の温度

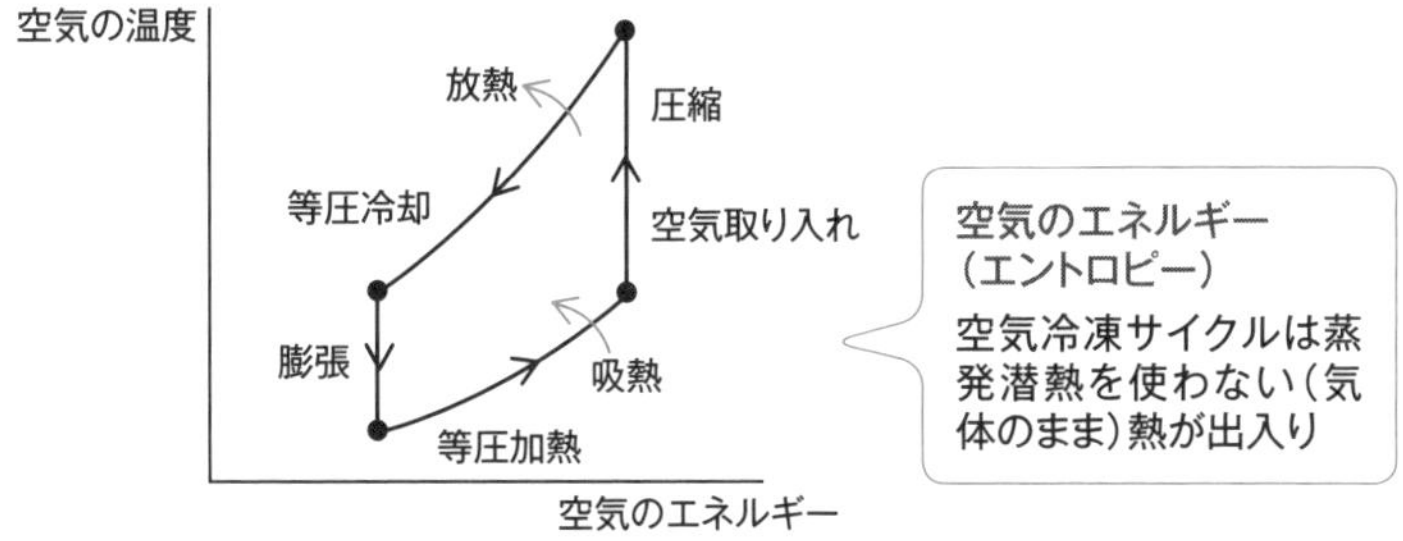

空気冷凍機は冷凍倉庫にも使われる

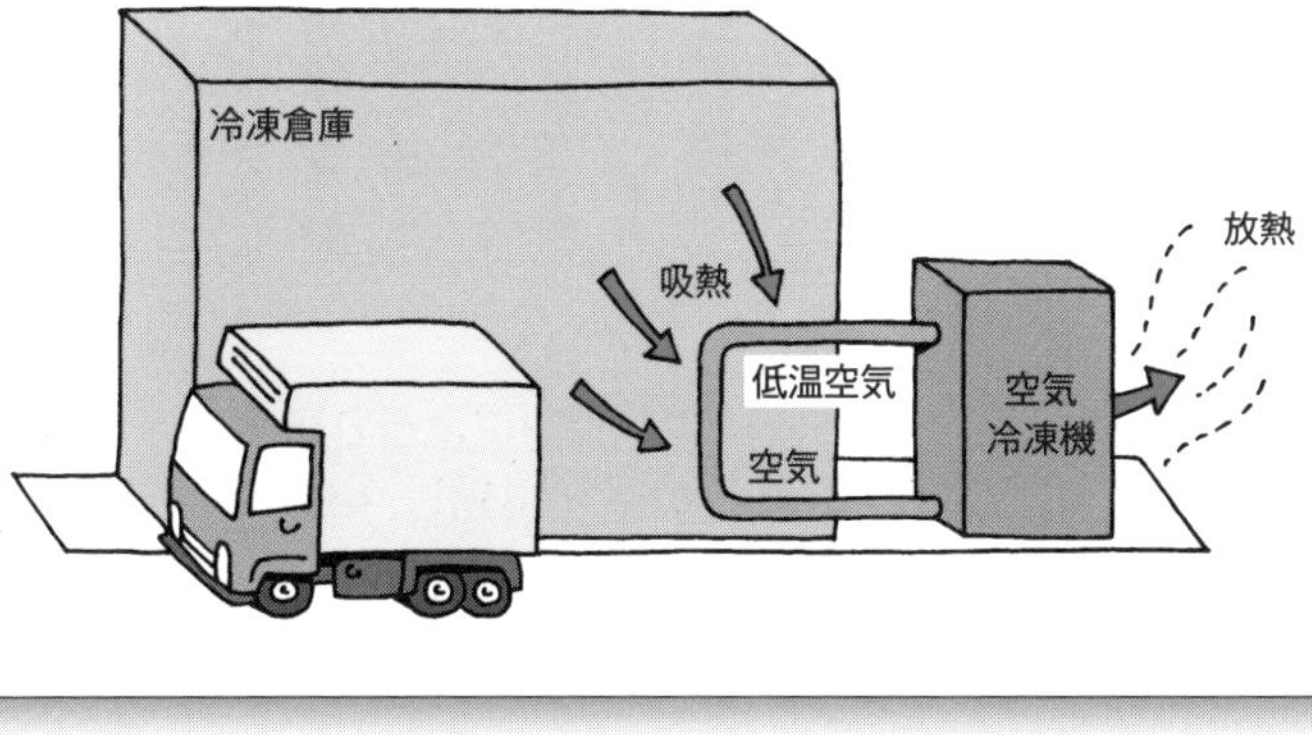

36 今までのカーエアコンの仕組みと電気自動車

カーエアコンはエアコン？

　カーエアコンは一般的に蒸気圧縮式冷凍サイクルを使用しますが、暖房にはエンジンの排熱を利用する、いわゆるハイブリットエアコンです。初期のカーエアコンは、カーヒーターとカークーラーと呼ばれ、べつべつの装置でした。とても高級品でしたが、温度調節をはじめ空気調和する機能はほとんどなく、ON／OFFしかありませんでした。現在はいろいろな仕組みを用いてより快適な車内空間になるようにきめ細かな温度制御や空気調和の機能を持つようになっています。

　一般的なカーエアコンはエンジンによって蒸気圧縮式冷凍サイクルの圧縮機を駆動し、車内に冷却した空気を送風します。一部のハイブリッドカー（エンジン及びモーター駆動）などでは、エンジンが稼動している時間を短くするために圧縮機をモーターで駆動するものや、エンジンで駆動する場合でも圧縮機のプーリに内蔵されたモーターでその駆動を補助するものがあります。

　一方、暖房はエンジン冷却水を室内の熱交換器に流して、送風機で温風を得ます。多くの電気自動車では、電熱ヒーターで水を温めて暖房するので、より多くの電力を必要とします。

　また、カーエアコンでは、冷却して除湿された空気をそのまま、または暖房用の温風と混ぜてフロントガラスやサイドガラスの曇り取りや霜取りを行う機能もあります。

　冷房の場合はエンジンの回転で圧縮機を稼動させるため、エンジンの負荷が増え、加速が鈍ったり燃料消費が増加します。車体の大きさに依存しますが、普通車の冷房能力としては3kW程度が必要とされ、カーエアコンの制御状態によって1kW～3kW程度の動力が必要になります。

　現在の電気自動車では暖房に電熱ヒーターを用いますが、将来はより効率のいい自動車用の冷暖兼用ヒートポンプが開発されると言われています。

要点BOX

●一般的なカーエアコンはエンジンによって蒸気圧縮式冷凍サイクルの圧縮機を駆動し、車内に冷却した空気を送風する

カーエアコンの仕組み

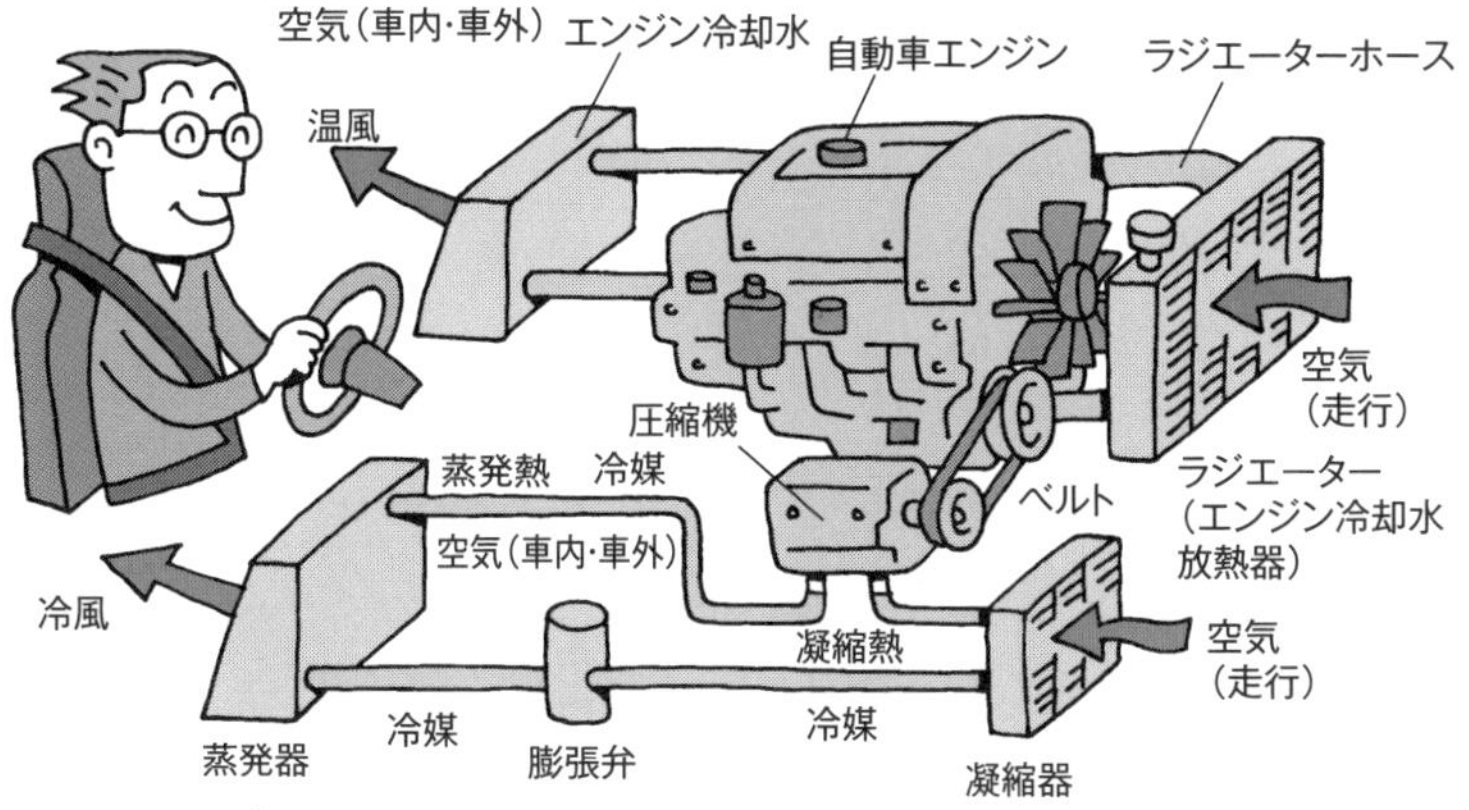

カーエアコンはハイブリット空調
（冷房は蒸気圧縮式、暖房はエンジン冷却水の排熱利用）

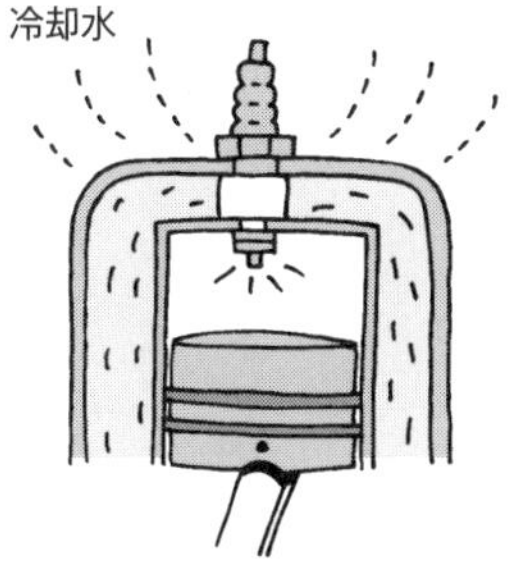

エンジンのシリンダーの
中は燃焼で高温になる
ので冷却が必要

電気自動車にはエンジンがない、暖房はどうする?

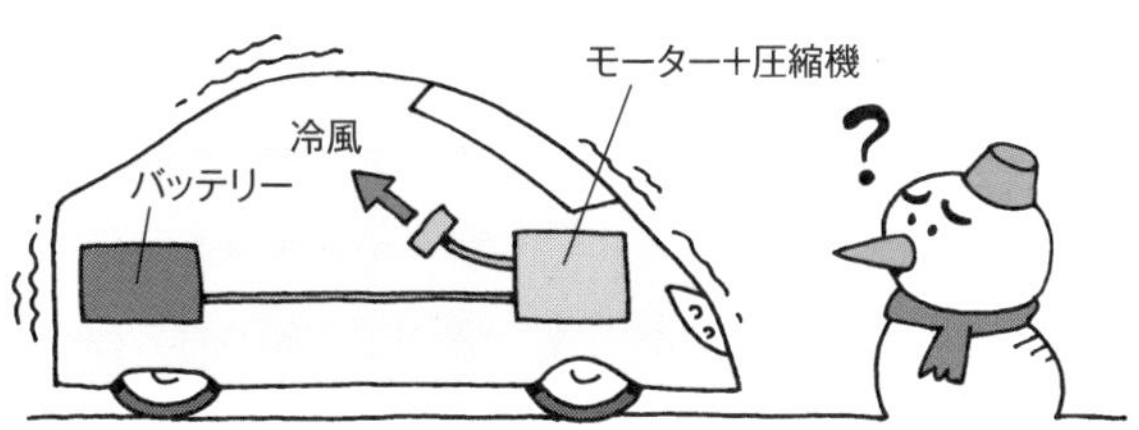

37 無色無臭で人に悪影響をあたえない冷媒の登場

人にやさしいフロン

現在の蒸気圧縮式冷凍サイクルの冷媒としては主にフルオロカーボン（フロン）が使われています。フルオロカーボンが発明される前にはエチルエーテル、メチルエーテル、二酸化炭素、アンモニア、二酸化硫黄、塩化メチルが使われていました。これらは自然界に存在する物質、いわゆる自然冷媒ですが、毒性や可燃性があって、扱いにくい物質で、これらの危険な冷媒に関連して時には悲惨な事故が起こりました。

1928年に米国のトマス・ミジリーは家庭などで安全に使用できる冷媒としてフルオロカーボンの1種であるR12を発明しました。1930年の記者会見でミジリーはR12を口に含み、蝋燭の火を吹き消し、その安全性を示しました。フルオロカーボンは冷媒として安全に使用できることから、多量に使用され、冷凍空調機器の発展・普及に大きな役割を果たしました。

また、安全性が高いフルオロカーボンは冷媒の他に断熱材や洗浄剤、噴霧材としても使用されています。国内で約3万トンものフルオロカーボンが冷凍空調機の冷媒として出荷されています。しかし、オゾン層破壊や地球温暖化への環境負荷が大きい物質として近年注目されるようになりました。

このため、環境負荷の少ないフルオロカーボンの選定や開発が行われましたが、安全性や安定性、材料適合性、冷凍機油との適合性などが劣る傾向があります。このように環境負荷の少ない冷媒を使用した機器の開発が行われていますが、単一の物質による冷媒では実現が難しい場合が多く、いくつかの冷媒を混合する冷媒が提案されています。

混合冷媒の場合にはその性質がさらに複雑になります。最近では、冷凍空調機器の運転時における二酸化炭素の排出量（発電所等での排出量）を可能な限り低下させる観点から、空調機器の運転条件に適した冷媒を採用して冷凍空調機器の運転効率を良くすることも要求されています。

要点BOX
- 安全性が高いフルオロカーボンは冷媒の他に断熱材や洗浄剤、噴霧材としても使用されている

人にやさしいフロン

口に含んでも安全なフロン

可燃性毒性冷媒　　　　フロン

安全なフロンが開発されてから身近に冷凍空調機器が使われるようになった

冷媒の種類、構成原素

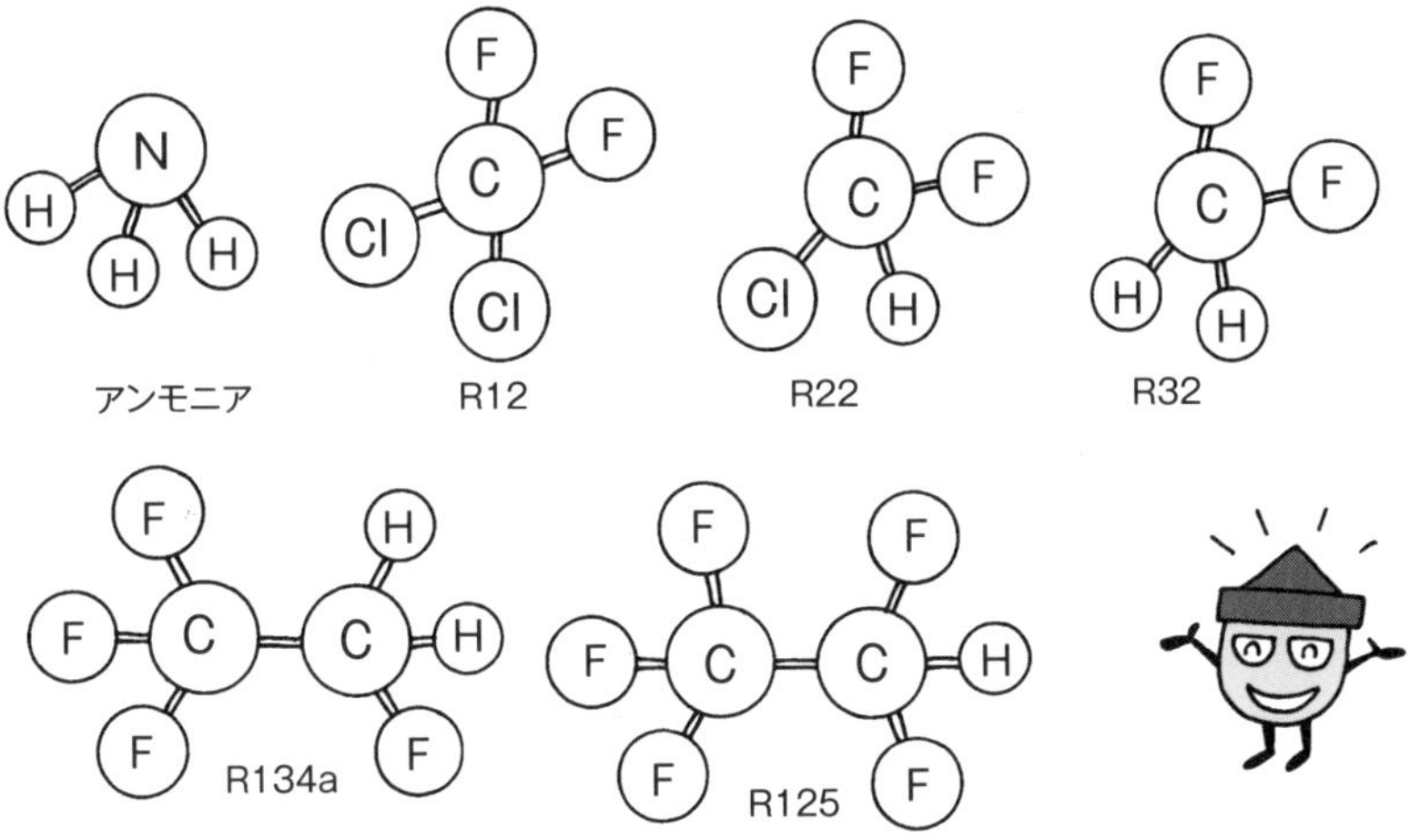

Cl：塩素（オゾン層～オゾン破壊潤滑作用）
C：炭素（燃焼性）
N：窒素（安全性、極性）
F：フッ素（安全性、極性）
H：水素（燃焼性）

38 フロンの登場で飛躍的に発展した冷凍空調機器

安全で使いやすく効率のよい冷媒

冷凍空調機器は最初のころは圧縮機ユニット（モーター と圧縮機を同じ架台に乗せたもの）、凝縮器、蒸発器、配管（各種弁類を含む）などの部品類を機械室などで組み立てながら設置する一品生産方式でした。冷凍空調設備を施工する施工業者がこれらの機器・構成部品をメーカーから購入したり、自ら製造して制作していました。したがって、毒性や可燃性のある冷媒を使用しても、組み立てがしっかりしていて関係者しか立ち入らない機械室などでの場所での運転なら、事故が発生したとしてもあまり大きな事故になりませんでした。

機械式による冷凍が次第に普及してくると、今まで氷を使用していた家庭用冷蔵庫にも使いたいという要望が生じてきましたが、いろいろな人が使用する場所では毒性や可燃性のある冷媒は使用しにくい状況です。そこで米国の電気メーカーを中心にして家庭用冷蔵庫向けのフルオロカーボンR12が開発されました。

また、すべての機器を1つないしは2つのパッケージにまとめて工場で生産し、使用する場所ではそのユニットそのまま取り付けるか、ユニット間を配管でつなぐだけで済むパッケージ型が登場し、しだいに主流になっていきました。

冷凍空調機器のパッケージ化が進むとますます冷凍冷蔵機器の普及が進みました。そしていろいろな場所・用途で冷凍冷蔵機器が使用されるようになってくると毒性や可燃性の少ない冷媒が好まれて使用されるようになってきました。

なお、大型の冷蔵冷凍倉庫や空調機では、今でも機械室に各種機器を設置し、配管でつないで製作することが主流です。しかし、大型の機器には大量の冷媒が使用されることに加え、大型の機器の傍で一般の人が生活することも増えてきたので、安全性の面で大型の機器にも毒性がなく可燃性の少ない冷媒が使用されるようになりました。

要点BOX

●いろいろな場所・用途で冷凍冷蔵機器が使用されるようになってくると毒性や可燃性の少ない冷媒が好まれて使用されるようになった

フロンの登場による発展

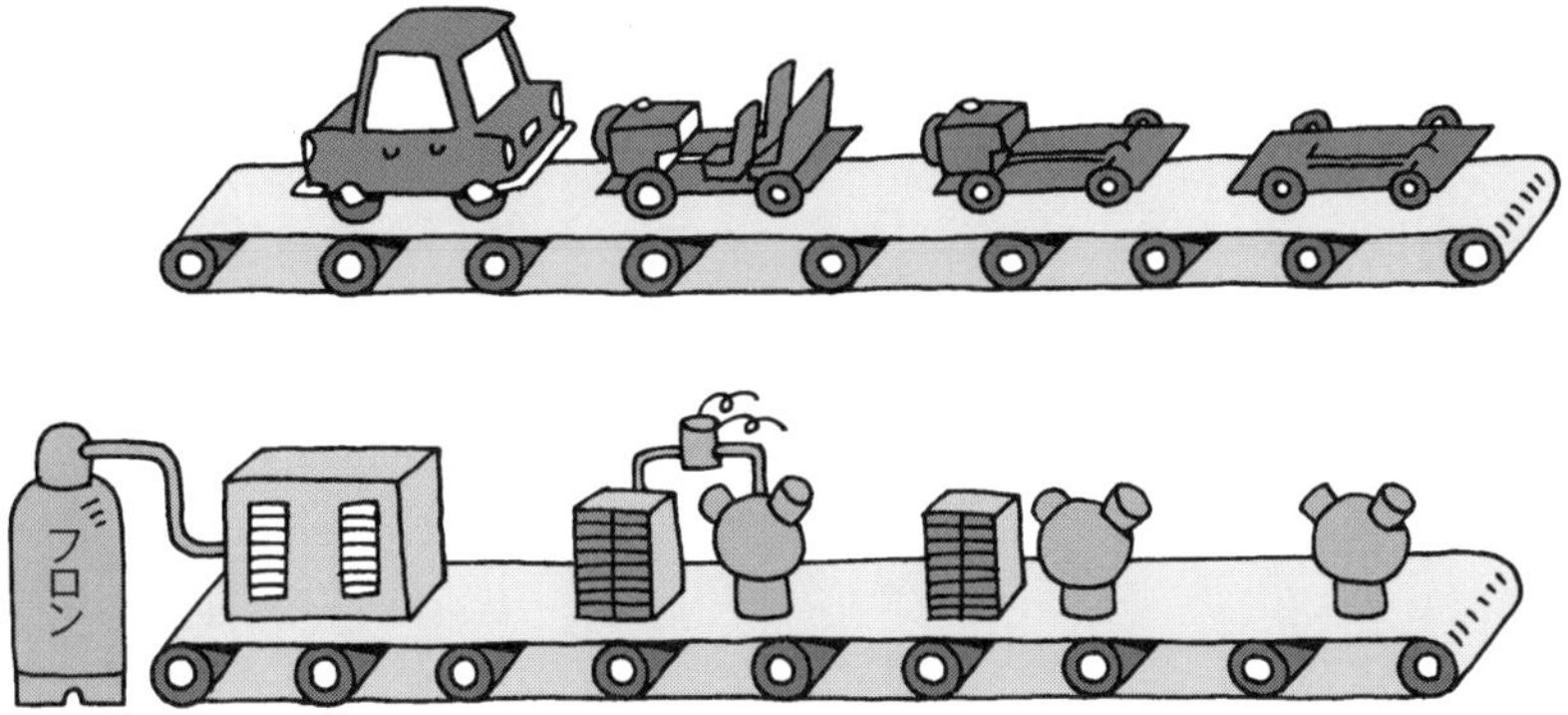

フロンの登場で冷凍空調機器は大量生産が可能になった

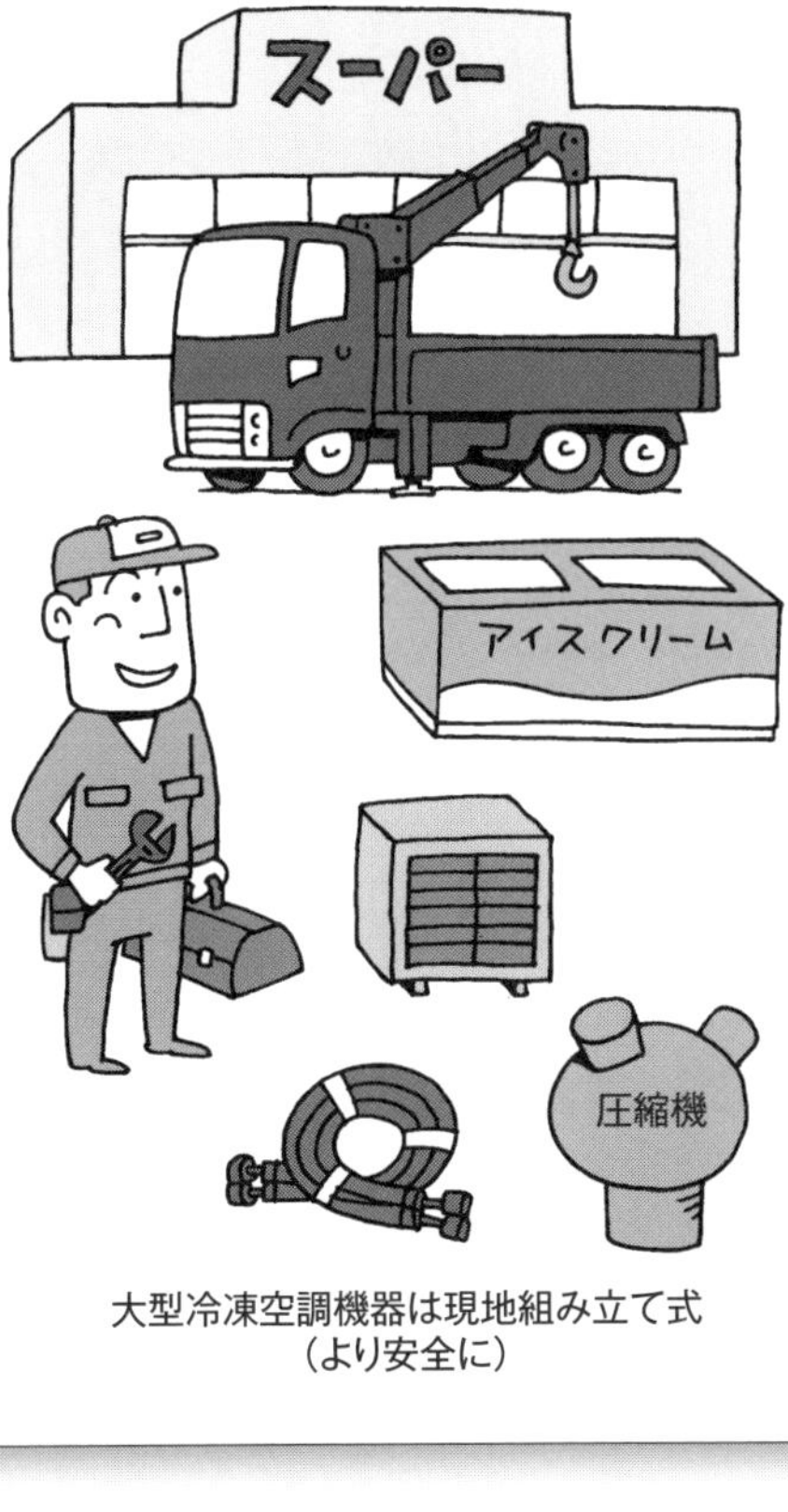

大型冷凍空調機器は現地組み立て式
（より安全に）

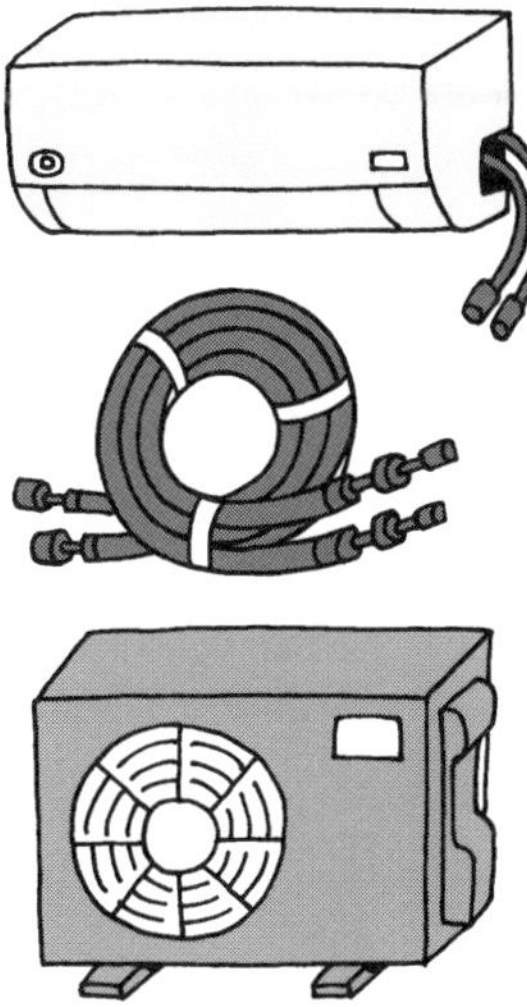

冷凍空調機器の
パッケージ化が進んだ
（工場大量生産に適している）

39 大気中で安定であるが故にオゾン層を破壊する原因に

フロンの功罪

人に優しい冷媒として開発されたフルオロカーボンですが、毒性、可燃性が少なく安定性が高い物質であるために、大気中に放出されたフルオロカーボンの多くは地上付近で分解せず、成層圏のオゾン層まで上昇します。そしてオゾン層で太陽光の紫外線により活性化し、塩素原子を放出、その塩素原子は太陽光から放射される有害な紫外線を吸収する役割をもつオゾン層においてオゾンを破壊する触媒となることが1974年に米国のF・S・ローランドとM・モリーナによって指摘されました。

1980年代の後半から、塩素原子の割合が多いフルオロカーボン、クロロフルオロカーボン（CFC）が製造および輸入を禁止され、塩素原子の割合が少ないフルオロカーボン、ハイドロクロロフルオロカーボン（HCFC）が、そして塩素原子を持たないフルオロカーボン、ハイドロフルオロカーボン（HFC）が用いられるようになってきました。

しかし、フルオロカーボンの塩素原子が減ることで、燃焼性があったり、不安定になったり金属や樹脂との適合性に欠ける性質をもつ冷媒が多くなりました。圧縮機の動作に必要な潤滑油（冷凍機油）の選定も難しくなる傾向にあります。したがって、安全性や安定性、材料適合性などの冷媒の性質を配慮して冷凍サイクルの運転条件に適した冷媒（運転効率の良い冷媒）を探すことが次第に難しくなってきました。

さらに、多くのハイドロフルオロカーボンは地球温暖化に寄与するとされるガス、温室効果ガスの1種です。

とくにハイドロフルオロカーボンとパーフルオロカーボン、6フッ化硫黄の3ガスは質量当たりの寄与率、地球温暖化係数（GWP）が二酸化炭素の数百から数千倍高く、1990年代後半から国際的に生産・使用規制が進められるようになりました。

要点BOX

●多くのハイドロフルオロカーボンは地球温暖化に寄与するとされるガス、温室効果ガスの一種

フロンと地球環境問題

(a)オゾン層破壊

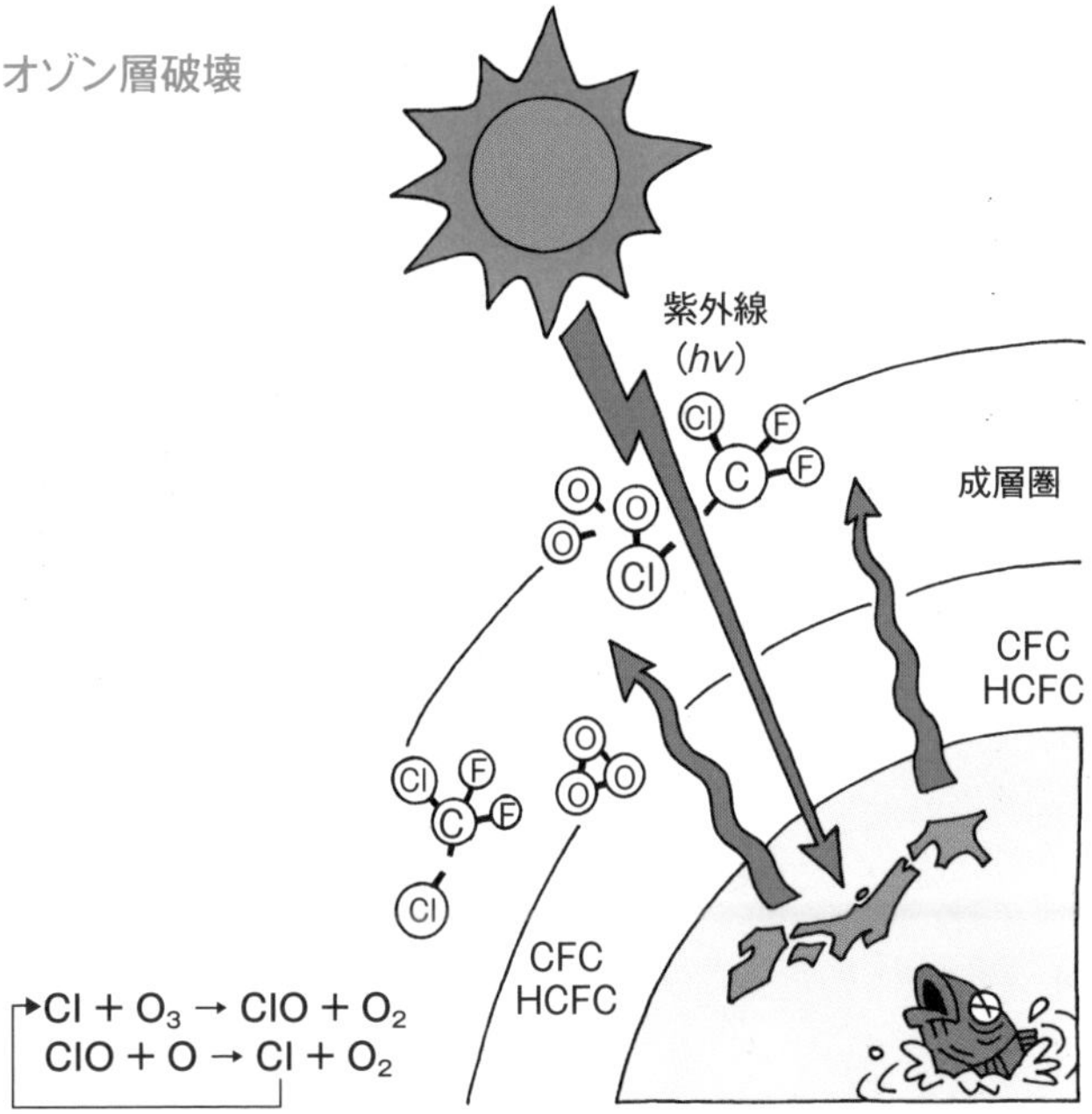

フロンが成層圏のオゾンを分解し、紫外線が地表に到達する

(b)地球温暖化

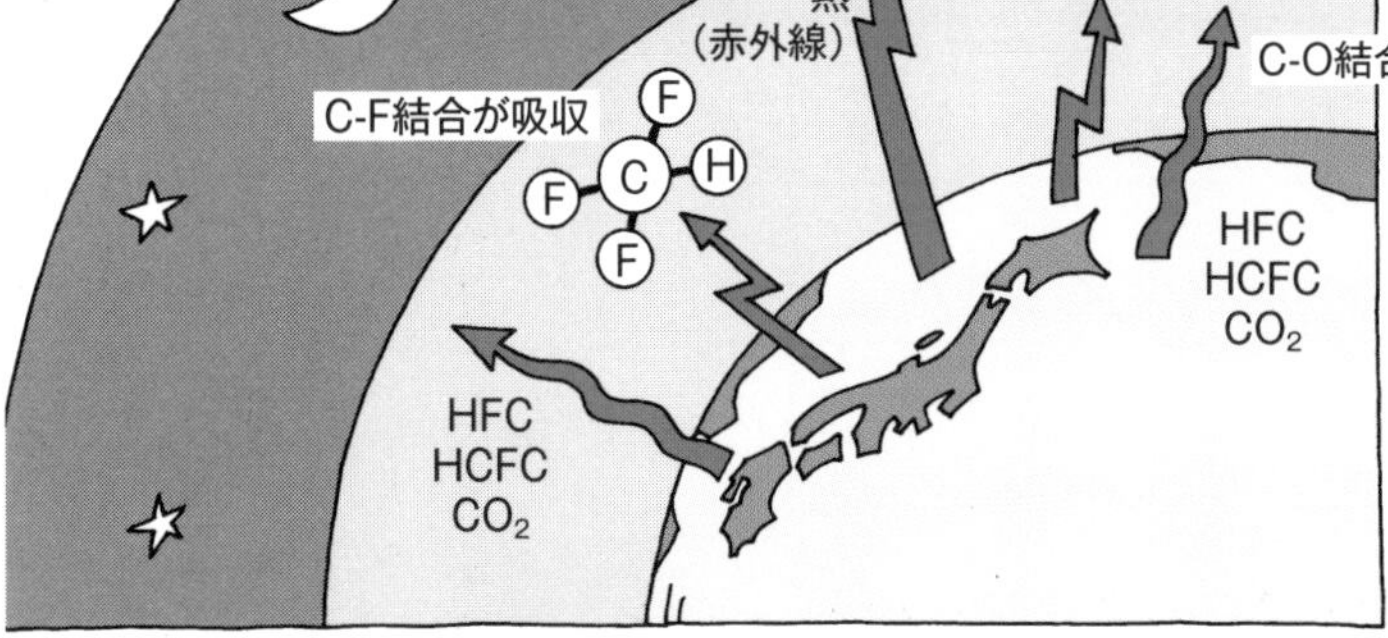

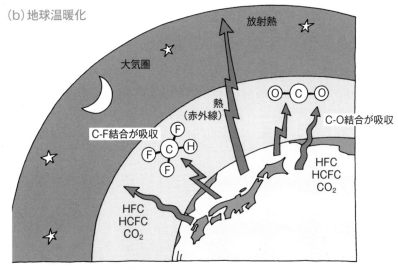

大気圏外に放出されていた熱(赤外線)が地球に蓄えられる

Column

潜熱と顕熱

水が、氷（個体）⇕水（液体）⇕水蒸気（気体）と変化するのは、熱が加えられたり、取り除かれたりすることで起こります。熱を加えても（取り除いても）温度が変化しないときの熱を潜熱（その変化を潜熱変化）といい、熱を加えたり（取り除いたり）して、温度が変化するときの熱を顕熱（その変化を顕熱変化）といいます。

たとえば、冷凍サイクルの凝縮行程と同じで、100℃の水蒸気を冷却して40℃の水1kgを取り出すために、取り除く熱量を計算してみます。

水が凝縮するときの（蒸発のときと同じ）潜熱は2257kJ／kg、比熱を4・2kJ／kg℃とすると、

・100℃の蒸気を100℃の液体にするには1kg×2257kJ／kg＝2257kJ必要

・100℃の液を40℃にするには、1kg×4・2kJ／kg℃×（100－40）＝252kJ必要

となり、合計で、2509kJの熱量を取り出す必要があります。そのうち、約9割が潜熱であり、残り1割が顕熱となります。

蒸発行程での熱の移動量（熱交換量）も同様に潜熱の占める割合が高くなっています。

エアコンで室内を冷房しているときの潜熱と顕熱について考えてみます。

たとえば、エアコンで室内空気の温度を30℃から25℃に下げるとします。単に空気の温度が下がった（顕熱変化）だけに見えますが、実はエアコンの中ではドレン水（結露水）が生成し、それを室外へ排出しています。室内にいる人は汗をかきます。その汗などが空気中に水蒸気となって浮遊しています。エアコンはその水蒸気を水に変えて室外へ排出しています。このときに取り除く熱量が水の潜熱分です。したがって、エアコンの能力は、顕熱分と潜熱分の合計の能力が必要になります。エアコンを運転すると室温が下がるだけでなく、湿度も低下します。この湿度を制御することで室内空気の快適性は向上します。

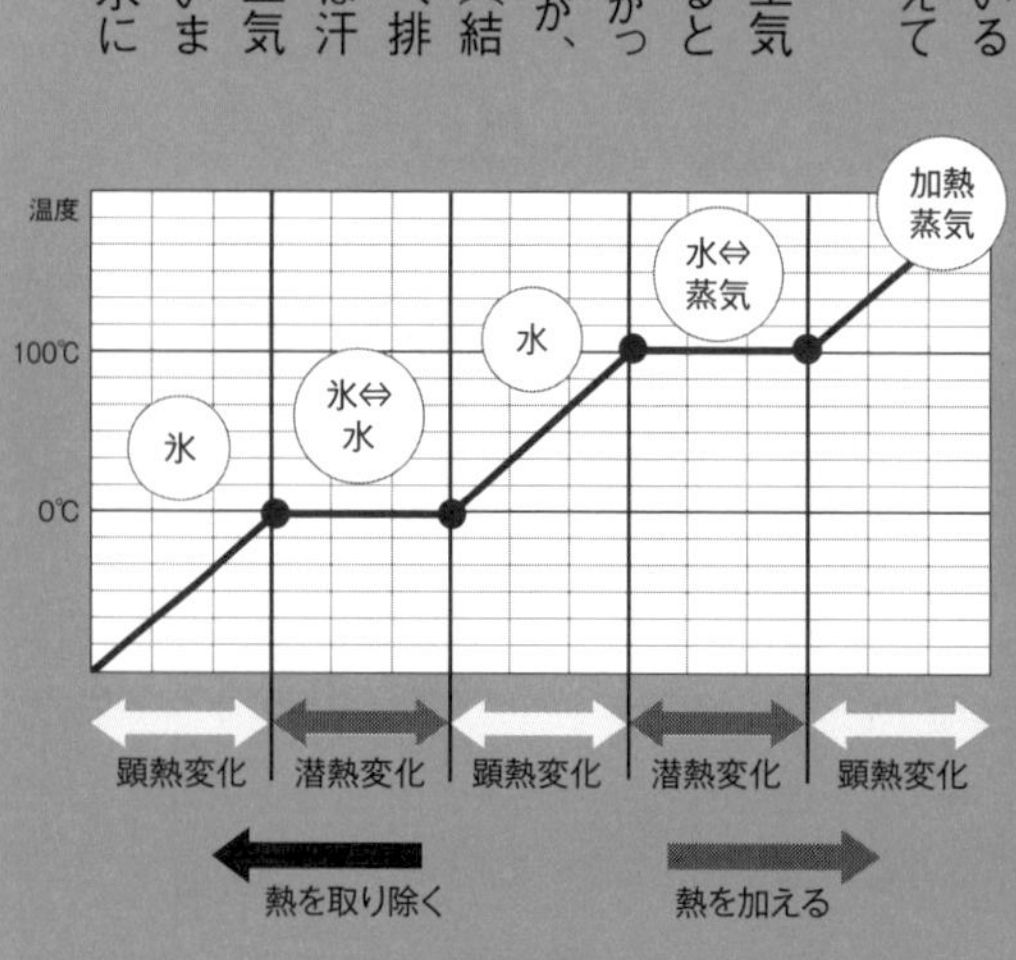

第 5 章

冷凍空調の
新技術・将来技術

40 最新のエアコンはこんなに高効率

高効率化で地球温暖化防止

冷凍空調分野の地球温暖化問題の対策としては機器使用時の二酸化炭素排出量の削減があります。最新の家庭用ルームエアコンのCOP（成績係数）は5を超えています。冷房を例にとると冷房時COP＝5とは1kWの電気エネルギーで5kWの冷房能力が得られることを意味します。理論的には暖房時のCOPは冷房時よりも1多くなります。これは圧縮時に必要とされるエネルギーが凝縮器で放熱され、暖房能力に利用できるからです。

暖房時のCOPを6として、電気ヒーターによる暖房と家庭用ルームエアコン、蒸気圧縮式冷凍サイクルによる暖房を比較してみましょう。暖房時のCOPが6の家庭用ルームエアコンで6kWの暖房を得るには1kWの電気エネルギーが必要になります。火力発電所の平均発電熱効率を約45％、送配電時の損失を4％とすると、2・3kWが必要になりますが、これに対して電気ヒーターでは6kW以上の電気エネルギーが必要になり、同一の暖房能力で単純に必要電気エネルギーを比較するとエアコンの方が少なくなり3分の1程度になります。冷凍空調技術の特長の一つはこのヒートポンプの高効率性にあり、二酸化炭素の排出削減のため一層の高効率化が求められています。

家庭用ルームエアコンをはじめ、業務用のパッケージエアコンなどにインバーター制御による能力可変（圧縮機の回転数可変）が可能になってきています。従来の定速型であれば、室内外の温度条件に合わせて、機器をON／OFFするだけですが、インバーターの場合には回転数をきめ細かく制御して能力を調整することが可能です。可変速の場合には圧縮機の回転数と共にCOP（部分負荷特性）が変化します。近年では、通年エネルギー消費効率、APFを使用します。

これはエアコンの使用期間における運動効率を算出するもので、東京地区における木造住宅の南向きの洋室で高性能なエアコンのAPFは7にも達しています。

要点BOX

- ●冷凍空調分野の地球温暖化問題の対策としては機器の高効率化、機器使用時の二酸化炭素発生量の削減がある

最新エアコンは高効率！

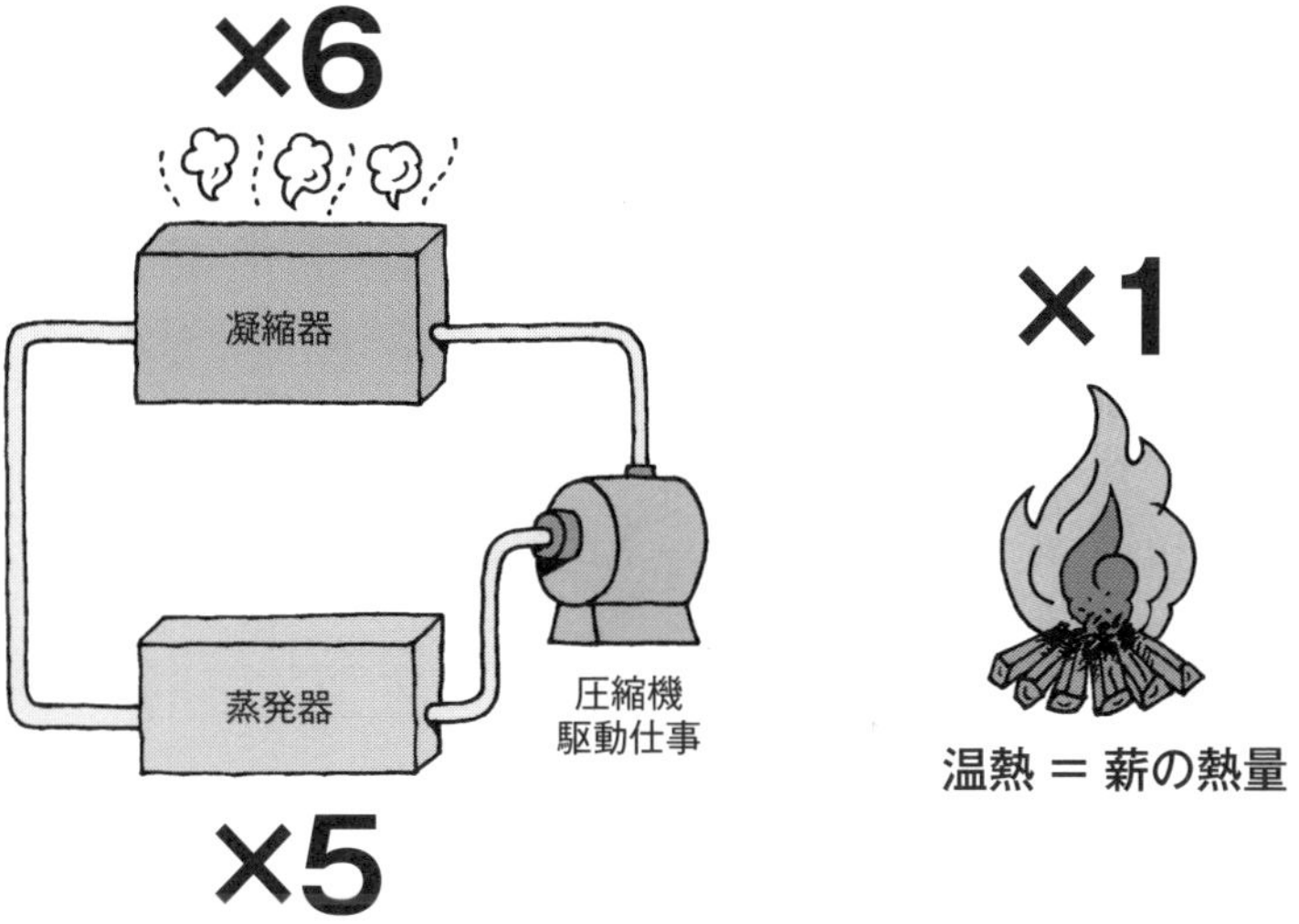

薪やガスなどの燃焼熱の5倍の熱をエアコンで得る
（圧縮機の仕事が薪またはガスの熱量を等しいとすると）ことができる

効率とは

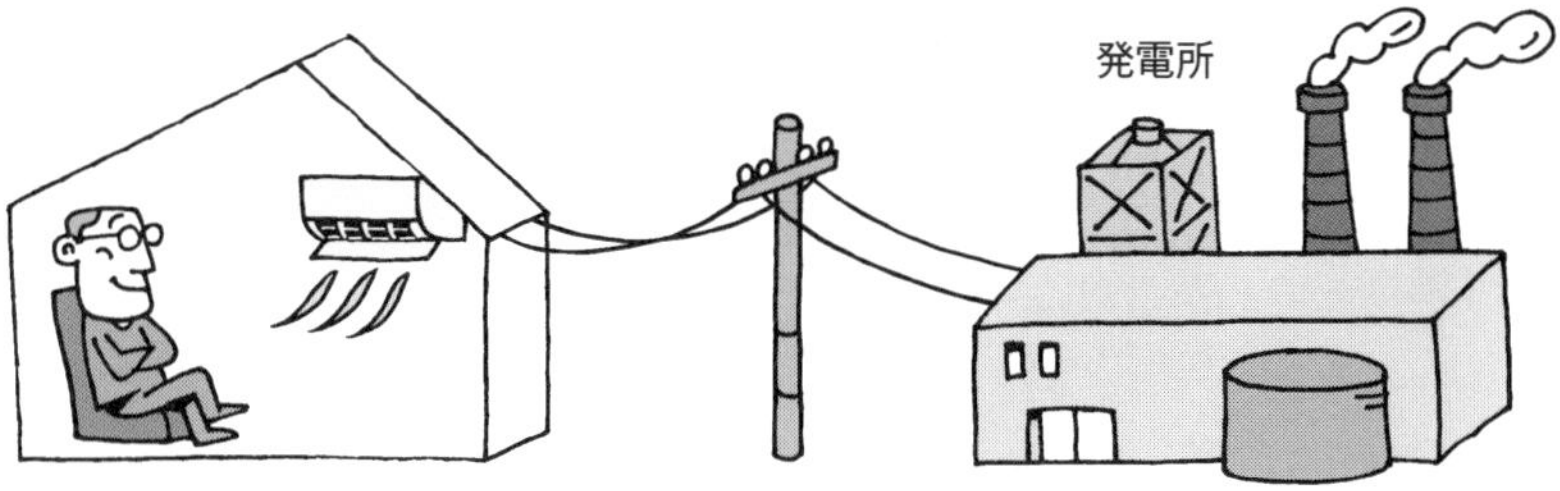

$$\text{送電効率} = \frac{\text{家に供給される電気量}}{\text{発電量}}$$

$$\text{発電熱効率} = \frac{\text{発電量}}{\text{熱入力}}$$

$$\text{COP} = \frac{\text{冷房（暖房能力）}}{\text{圧縮機仕事量}}$$

$$\text{APF} = \frac{\text{一年間の冷房、暖房能力}}{\text{一年間の使用電気量}}$$

41 知らないうちに漏れていたなんてことがないように

フロンを漏らさない

フロン漏えい防止には冷媒の管理技術・漏えい対策技術の確立と冷媒回収技術の確立が必要です。冷凍空調機器の使用時ならびに廃棄時に冷媒が大気中に漏れることによって環境問題が発生することから、漏れないようにする技術はとても重要です。

冷凍空調機器廃棄時のフロン回収率は4割未満と低いのが現状です。今後は冷媒管理技術・検知方法や漏れ防止対策の開発と積極的な活用が必要です。

フロンが大気中に漏れると、地球環境に影響を及ぼします。そこで、フロンの大気排出削減のために法律が定められています。フロンを使った冷凍空調機器は大きく分けて、家庭用冷蔵庫・エアコン、自動車用エアコン、それ以外の業務用冷蔵庫・エアコンがあり、それぞれ、家電リサイクル法、自動車リサイクル法、フロン排出抑制法といいます。

①運転中の不具合

ほとんどのフロンは空調機器に高い圧力で封じ込められています。ですから、小さな穴でもあっという間に漏れてしまいます。そこで大事なのが定期的な点検です。法律では、すべての業務用冷蔵庫・エアコンについて、ユーザーが自主点検をすることが義務付けられています。さらに、大きな機器（50坪くらいの部屋を冷暖房するくらいの大きさ）については、専門家による定期点検を義務付けています。「どうも冷えないと思ったら漏れていた」なんてことがないように。

②機器の廃棄時の処理

廃棄時には、封入されているフロンを回収処理した後に機器本体の廃棄をしなければならないのですが、これがなかなか守られていません。せっかく点検により運転中の漏れを抑えても、廃棄時に大気排出したのでは元も子もありません。

フロンの恩恵を受けて快適な生活を営むには、それを扱う責任があります。

要点BOX
●廃棄時には、封入されているフロンを回収処理した後に機器本体の廃棄をしなければならない

■ 管理担当者を決める
■ 管理する機器を調査しリストを作る
■ 機器ごとに点検・整備記録簿を作成

■ 簡易点検する担当者を決める
■ 日常的に簡易点検（3ケ月に1回以上）

■ 適切な設置と適正な使用環境の維持

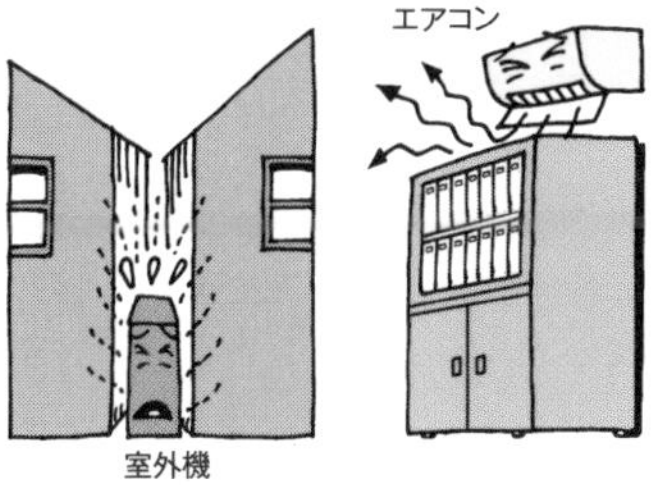

■ 漏えいの疑いがあるときは速やかに専門業者に点検・修理を依頼する

■ 専門業者による定期点検を実施

■ 機器を回収する際はフロンを回収しなければなりません

■ 点検・整備記録簿に記録・保存

■ 算定漏えい量の報告

42 地球にやさしいフロン

フロンもどんどん進化している

HFC系冷媒の次世代冷媒として、低GWPで高効率な（運転中の電気エネルギーが少なく、発電所で発生する二酸化炭素の量を低減させる）新たな冷媒の開発が必要です。HFO系冷媒やHCFO系冷媒が開発され、大型冷凍空調用のターボ冷凍機やカーエアコン、自動販売機などでの使用が始まりました。

これらの冷媒は炭素原子間の結合に二重結合が含まれているため、弱い可燃性（微燃性）を持ち、安全性・安定性に劣りますが、大気中に排出された際には安定性に劣るために短時間で分解し、地球温暖化やオゾン層破壊の影響を小さくできます。

その他の低GWP冷媒として自然冷媒がありますが、毒性や可燃性を有するものもあります。炭化水素（HC）などは可燃性が強く安全性に問題がありますが、使用する冷媒量を少なくできる可能性があります。万一漏洩しても空間中の濃度が爆発限界以下にできるならば、安全に使用することができます。

2000年代初めから日本の家庭用冷蔵庫の冷媒には可燃性を有するイソブタンR600aが採用されていますが、その1台あたりの使用量を100g以下にして、冷蔵庫の構造や部品を改良することで安全に使用されています。その他には小型のショーケースや冷凍冷蔵機器に使用されることが想定されます。また、二酸化炭素は家庭用給湯器（エコキュート）、ショーケースやコンデンシングユニットの冷凍冷蔵装置に採用されています。さらに、アンモニアの充填量を減らすように設計された大型用の冷凍冷蔵装置や、空気冷凍機も使用されています。

しかし、中型の冷凍冷蔵装置、ビルマルや業務用中型空調機、ルームエアコンにはまだ低GWP冷媒の候補があまりなく、当面の間はHFC系冷媒が使用されると考えられます。フルオロカーボンの漏洩・大気排出を極力減らす試み（適正で厳格な冷媒管理）が冷凍空調分野に必要とされています。

要点BOX

- 次世代冷媒として、低GWPで高効率な新たな冷媒の開発が必要。HFO系冷媒やHCFO系冷媒が開発されている

フロン系冷媒の変遷

	CFCs	HCFCs	HFCs	HFO系（オレフィン系） HCFO系（ハイドロクロロオレフィン系）	
分子構造（代表例）	CFC-11 	HCFC-22 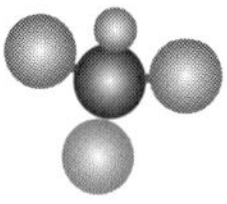	HFC-32 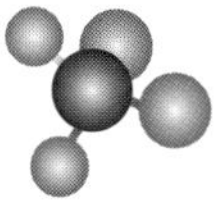	HFO-1234ze 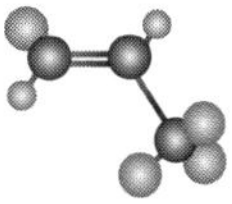	HCFO-1233zd 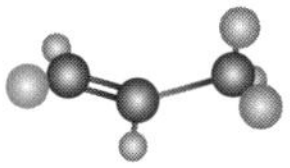
	CFC-12 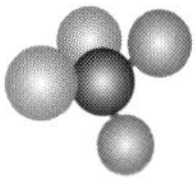	HCFC-123 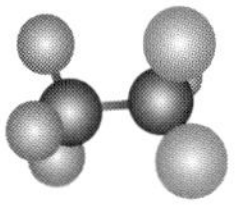	HFC-134a 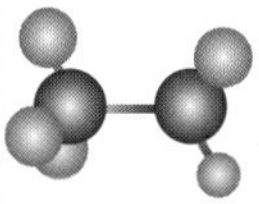	HFO-1234yf 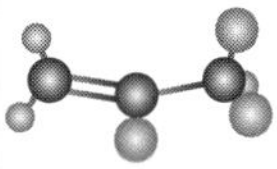	HFO-1336mmz-Z 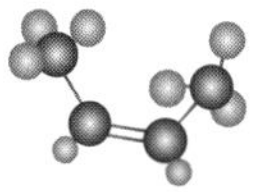
1）オゾン層破壊	● 有	● 有	○ 無	○ 無	○ HCFO系：実質無 Clを含むが大気中寿命が短くオゾン層に届く前に分解するので、オゾン層への影響なし
2）GWP（温暖化係数）	● 有	● 有	● 有	○ 低	○ 低
主な冷媒	R-11 R-12 他	R-22 R-123 他	R-32 R-125 R-134a R-245fa 他	HFO-1123 HFO-1224yd HFO-1234yf HFO-1234ze	HCFO-1233zd（E） HCFO-1233xf HFO-1336mm（Z） 他

● 炭素 ● 水素 ● フッ素 ● 塩素

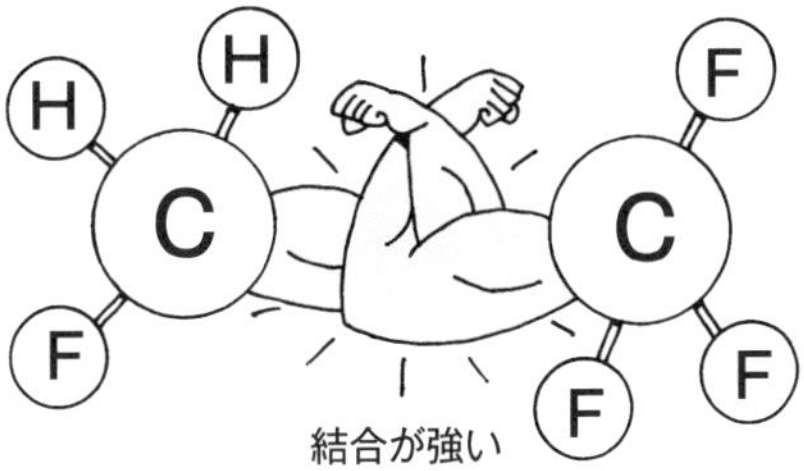

HFC

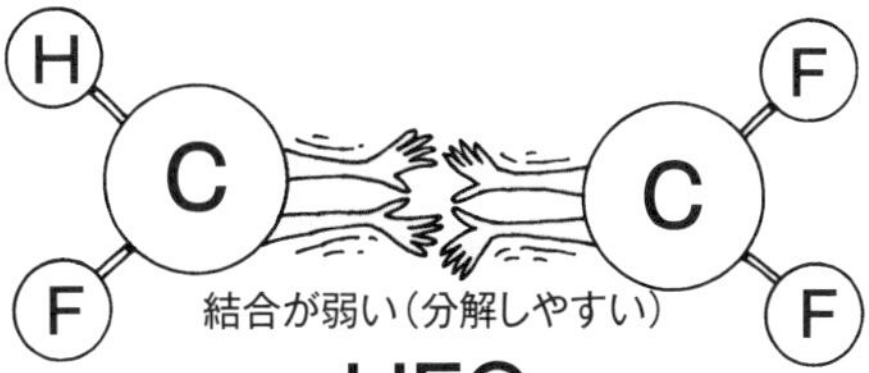

HFO
HCFO

43 不凍タンパク質って何？

北極海でも平気で泳ぐ魚がいる

最近話題になっている冷凍の新技術に不凍タンパク質の活用があります。不凍タンパク質は自然界に存在していることが1950年代に判明し、その活用により冷凍技術を高めることが期待されています。

地球上には生息する環境が氷点下になっても、体内の水分が凍らずに生息する生物がいます。その生物の細胞の中に、氷点下でも細胞を破壊させにくくするメカニズムを有する不凍タンパク質が発見されました。

不凍タンパク質は、水分の凝固点を下げます。通常0・2K〜0・3K程度下げるとともに、融解点を変化させないような熱的ヒステリシス（熱的不可逆性）を水分に与えます。次に、微細な結晶（円錐または6角錐を張り合わせたようなプリズム形状）を析出させることで、氷の結晶同士が繋がって大きな結晶構造に成長するのを防ぎます。

このメカニズムはすでにアイスクリームなどの冷凍食品の品質改善などに活用され始めています。これは、普通は冷凍食品を凝固させる際にその品質を保つために急速冷凍や過冷却などの方法が用いられますが、長時間保存していると氷の結晶が成長して大きな結晶構造になって細胞を破壊して、解凍時の品質が低下します。不凍タンパク質はこの品質低下を遅らせることが可能とされています。

また、不凍タンパク質は常温で機能を失う性質があるとされています。より高温になっても氷点下で熱的ヒステリシスに優れる不凍糖質などの開発も行われており、それらの不凍技術がさまざまな食品の高度な冷凍方式の一つとして、また、生体や医療品・医薬品などの先進冷凍方式として使用できるかもしれません。

冷凍空調機器の熱交換器の霜付き問題の解決策になることも期待されています。

要点BOX
- ●不凍タンパク質の活用により冷凍技術を高めることが期待されている

不凍タンパク質と冷凍技術

北極や南極のような氷点下の環境で
不凍タンパク質のおかげで凍らずに生活する動物がいる

ふつう氷は結晶が不規則に成長して
大きな結晶になって冷凍品の細胞を破壊するが…

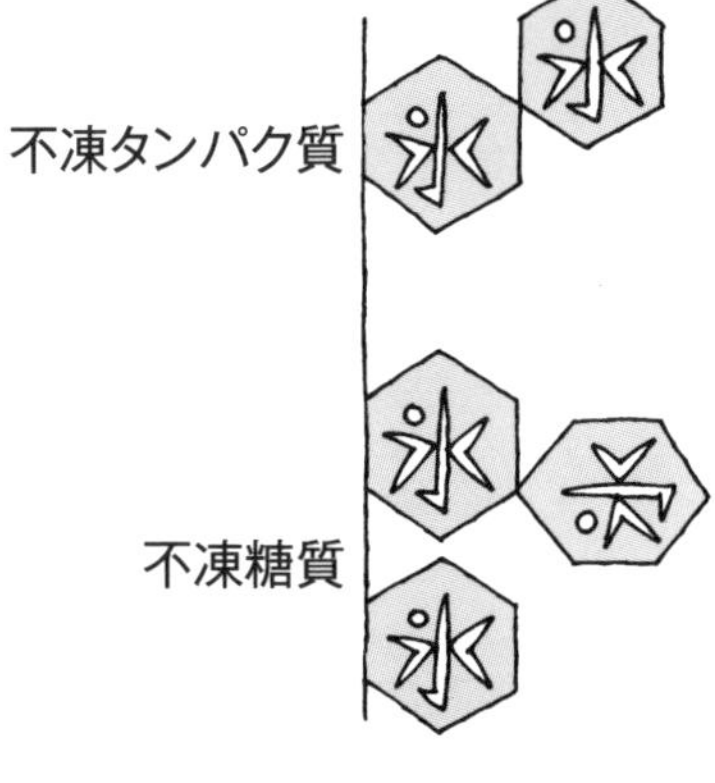

不凍タンパク質や不凍糖質があると、氷は円錐や六角錐になって成長しにくい
＝品質低下を遅らせる

44 磁力で温度変化？圧縮機なしの冷凍機

磁気で冷える？

磁気冷凍とは、磁性体に磁界をかけていくと磁性体が発熱し、磁界を取り去ると温度が下がる現象（磁気熱量効果）を利用した冷凍システムです。そのサイクルは逆カルノーサイクルになります。理論効率はカルノーサイクルのCOPと等しくなり、蒸気圧縮式冷凍サイクル（ランキンサイクル）より優れることになります。

蒸気圧縮式冷凍機において冷媒が蒸発して周囲から吸熱する過程が、磁気冷凍で磁界を弱める現象に対応します（消磁）。蒸気圧縮式冷凍機において気化した冷媒を放熱して凝縮させる過程が、磁気冷凍で磁界を強める現象に対応します（磁化）。さらに、蒸気圧縮式冷凍サイクルの圧力と磁気冷凍サイクルの磁界が対応し、磁化および消磁させる物質（すなわち磁性体）は冷媒に相当します。

当初の磁気冷凍機は、米国G・V・ブラウンらにより、磁性体の格子比熱を小さくして、小さい磁場で動作できる極低温領域（液体ヘリウム温度領域）の冷凍機として開発されました。超伝導磁石を利用することでカルノーサイクルのCOPに対して30～60％が得られています。

磁気冷凍機の主な特徴としては、冷媒としてフルオロカーボンを使用しないので環境負荷が少なく、また、圧縮機や膨張弁を必要としないので、冷媒の圧縮・膨張過程の損失がなく高効率化を図れることがあげられます。

最近では、マイナス1℃程度の常温磁気冷凍機が開発されて2程度のCOPが得られています。今後、熱交換部分の改良などにより高効率な環境対応型の冷凍システムの実現が期待されています。性能が良い磁性体や、切換え装置の開発、そして、サイクルの最適化改良などでより実用的な冷凍空調機器になることでしょう。

要点BOX

●磁気冷凍とは、磁性体に磁界をかけていくと磁性体が発熱し、磁界を取り去ると温度が下がる現象を利用した冷凍システム

磁力を使った冷凍システム

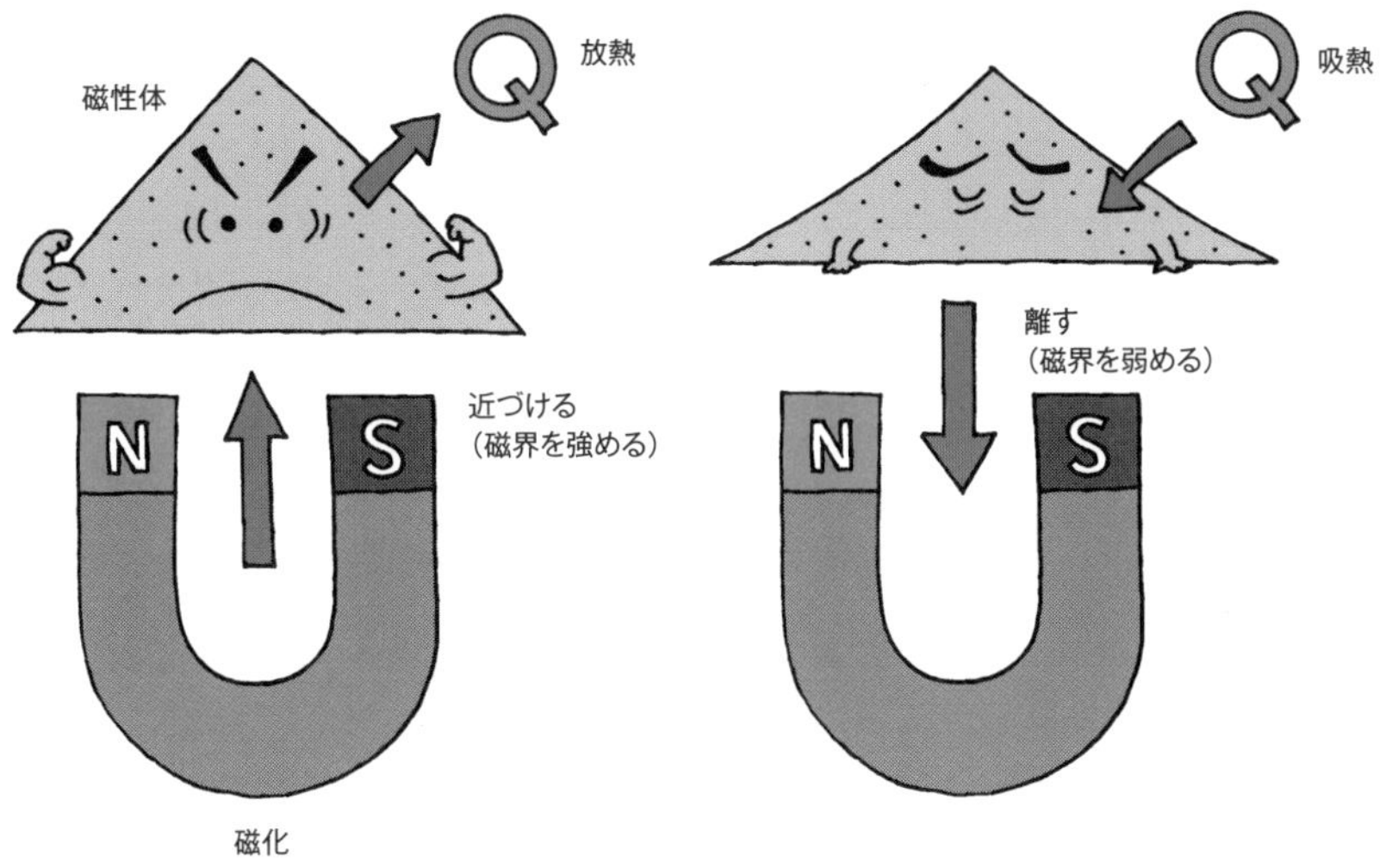

磁機冷凍機って？

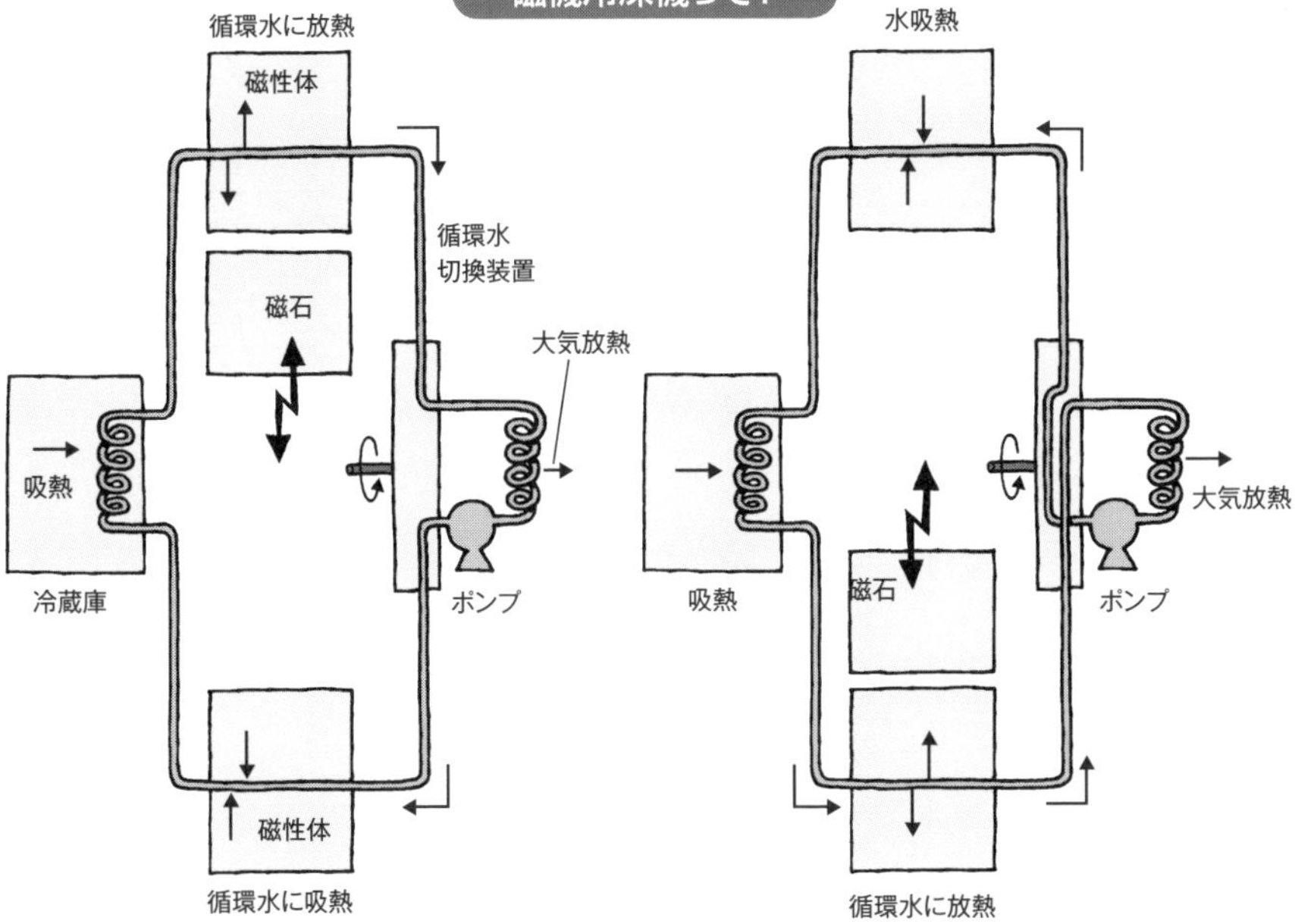

磁石を動かすと冷凍サイクルができる（循環水の切換装置が必要）

用語解説

カルノーサイクル：熱を仕事に変換するサイクルの中でもっとも効率が高いサイクル。逆カルノーサイクルは仕事を熱に変換するサイクル。

45 豊洲で活躍、空気を圧縮・膨張させるだけで超低温

空気の力でマグロを冷凍

食品を冷凍保管する冷蔵倉庫の中で、マグロ、カツオなどの貯蔵に使われる保管温度マイナス50℃以下のものは超低温冷蔵倉庫と呼ばれます。このような冷蔵倉庫は、マグロ漁船の水産基地や大都市の消費地など国内に400ケ所ほどあります。

冷蔵倉庫で使用されてきた冷媒は主にR22（HCFC）であり、オゾン層破壊を防止するモントリオール議定書により2020年で生産されなくなります。従来のフルオロカーボンではなく、ごく身近にある空気という安全な冷媒の活用と、年間消費電力を50％削減できるという高効率が期待されています。空気冷凍機は気体を圧縮すると熱が発生し、膨張すると熱を奪う性質を利用し、冷却用の空気の温度を直接下げています。

空気をターボ圧縮機などで圧縮してから冷却水で放熱し、冷凍冷蔵庫内の冷気の一部と熱交換して温度を下げ、タービンなどで膨張させて温度を下げて庫内に送り込む方法などが用いられています。

空気を冷媒とした冷却システムは従来からありますが、空気中の水分が氷粒になることや、非常に低い温度帯でなければ他の冷凍機にエネルギー効率面で劣っていることが欠点です。これらの問題点は近年の技術開発により、解決されるようになりました。一般的にマイナス50℃～マイナス100℃の温度帯の冷却では、液体窒素を蒸発させ蒸発潜熱をそのまま冷却に使用します。また、この低温度域ではフルオロカーボンや、アンモニアを使った蒸気圧縮式2元冷凍サイクルがありますが、設備が複雑になるので高価になり、頻繁なメンテナンスが必要となる傾向があります。

一方、空気冷凍機はほぼ大気圧で冷凍用ダクトに搬送しているので高圧ガス保安法の規制適用外になり、冷媒配管などの設備費も安価です。空気冷凍機は超低温倉庫やフリーズドライなど従来の用途だけでなく新しい用途の冷凍空調機として期待されています。

要点BOX
●空気冷凍機は、気体を圧縮すると熱が発生し、膨張すると熱を奪う性質を利用することにより、冷凍を行う

フロン系冷媒を用いた(二段圧縮式)冷凍機

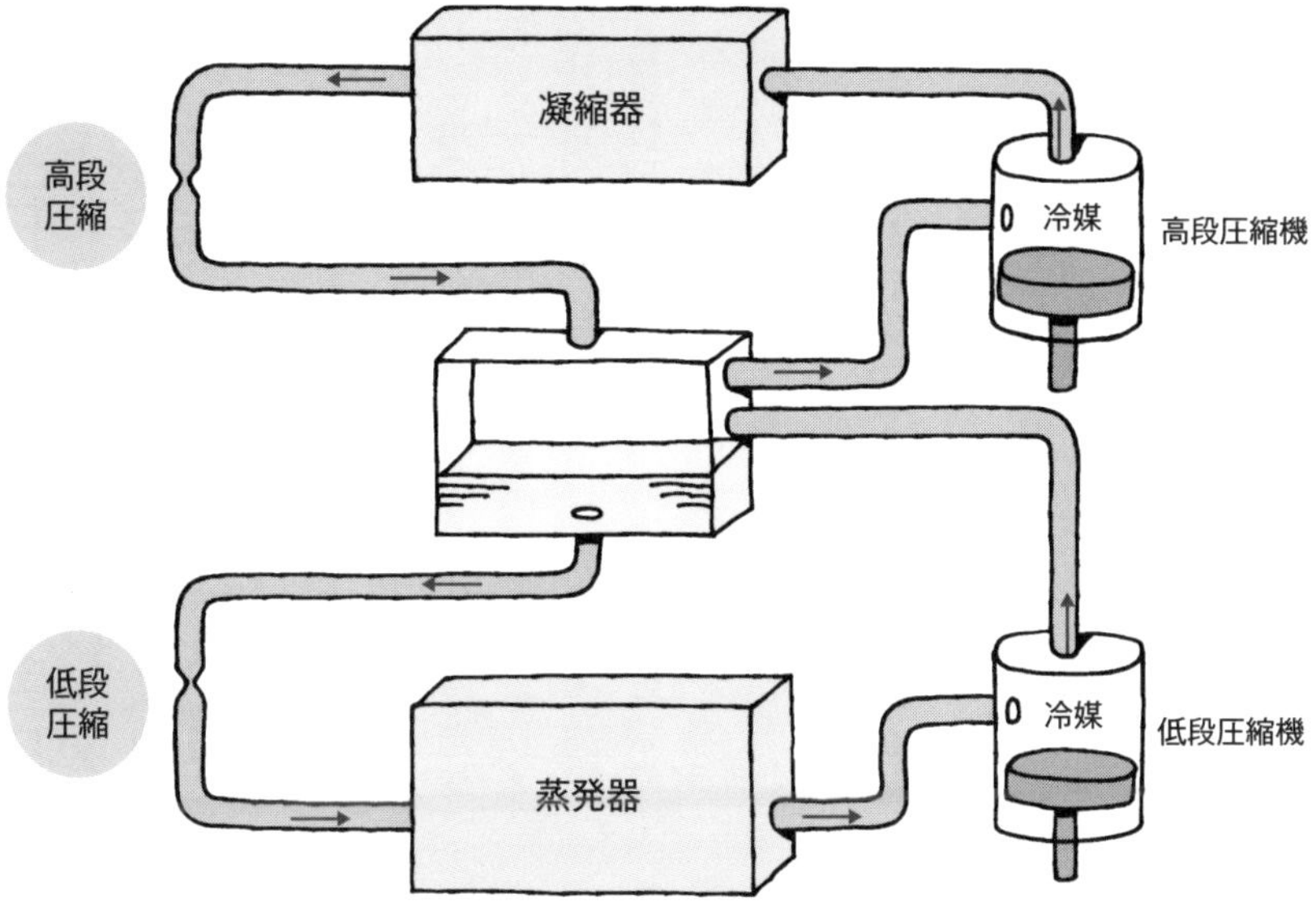

一台の圧縮機で低温を得ると圧縮機出口の温度が高くなり、
圧縮機の効率が低下する。これを防ぐために圧縮機を2台使用する

空気を用いた冷凍機

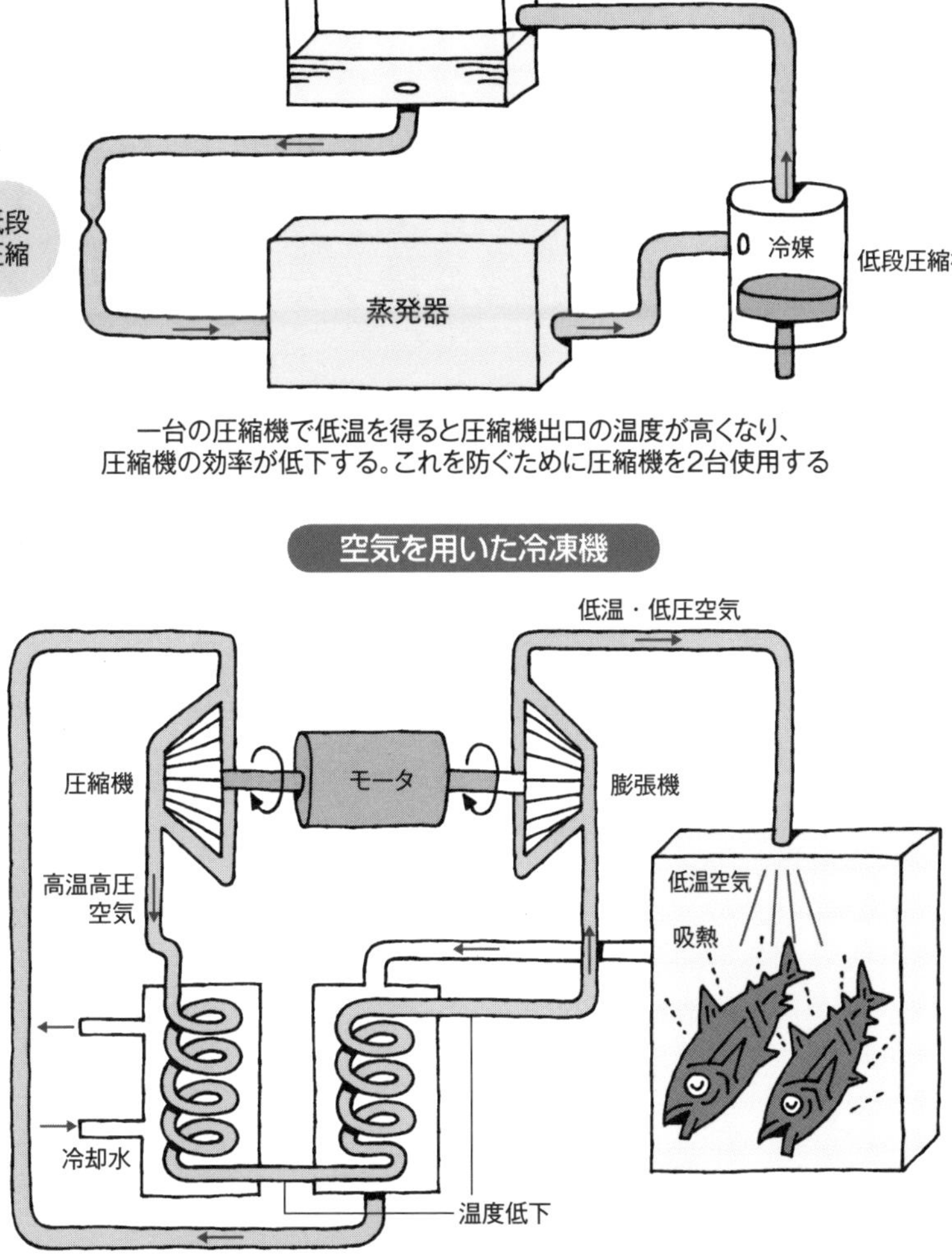

空気冷凍機は圧縮機と膨張機各1台で、気体のまま空気を圧縮し、
これを冷却してから、その冷たい空気を膨張させてさらに冷たい空気を得る

46 冷やさず除湿のデシカント潜顕分離で省エネを

結露させるだけが除湿ではない

デシカント（Desiccant）とは、乾燥剤または除湿剤のことです。一般的な冷凍空調機器では、熱交換器を冷却し、空気中の水分を結露させることで除湿や減湿を行いますが、除湿後の空気の温度が下がりすぎる際には再熱が必要になります。デシカント空調システムでは乾燥剤を用いて空気中の水分を直接除去します。冷房の際には、空気中の水分が少なくなっているので顕熱のみ低下させて空気の温度を下げることができます。デシカント方式では空気の潜熱（液体分）と顕熱（気体分）とをべつべつに処理できるのでエネルギー量が少なくなることが期待できます。

デシカント空調機のデシカント剤としては塩化リチウム、シリカゲルなどが使用され、最近では優れた除湿性能を持つゼオライトも使用されるようになっています。デシカント材の表面に細孔（マイクロポア）を設けて吸着の性能を向上させます。

空調機の場合には空調したい温度を下げる除湿ローター、室内空気の冷熱を蓄冷してその冷熱で除湿後の空気の温度を下げる顕熱交換ローター、除湿ローター再生用の温水ヒーター冷却器（冷房用）などで構成されます。ユニットは処理側と再生側に分割され、ローターは双方に跨るように分割され、双方の空気流は対向流となります。ローターはシールされ、対向する空気流が反対側に漏れないようになっています。

外気（あるいは室内還気または外気・還気の混合）を除湿ローターを通過させて除湿します。その際に吸着熱が除湿後の空気流に熱交換されて空気の温度が上昇します。除湿後の空気を顕熱交換ローターに通過させて室内からの還気との顕熱交換を行います。さらに、蒸発式冷却器で温度を下げます。還りの再生空気流を顕熱交換ローターに通過させて温度を上昇させます。さらに、温水コイルに通過させて加熱し除湿ローターの再生（水分除去）を行うことで、ローターの連続使用が可能です。

要点BOX

●デシカント空調システムは乾燥剤を用いて空気中の水分を直接除去、温度を下げる

除湿で冷やす!?

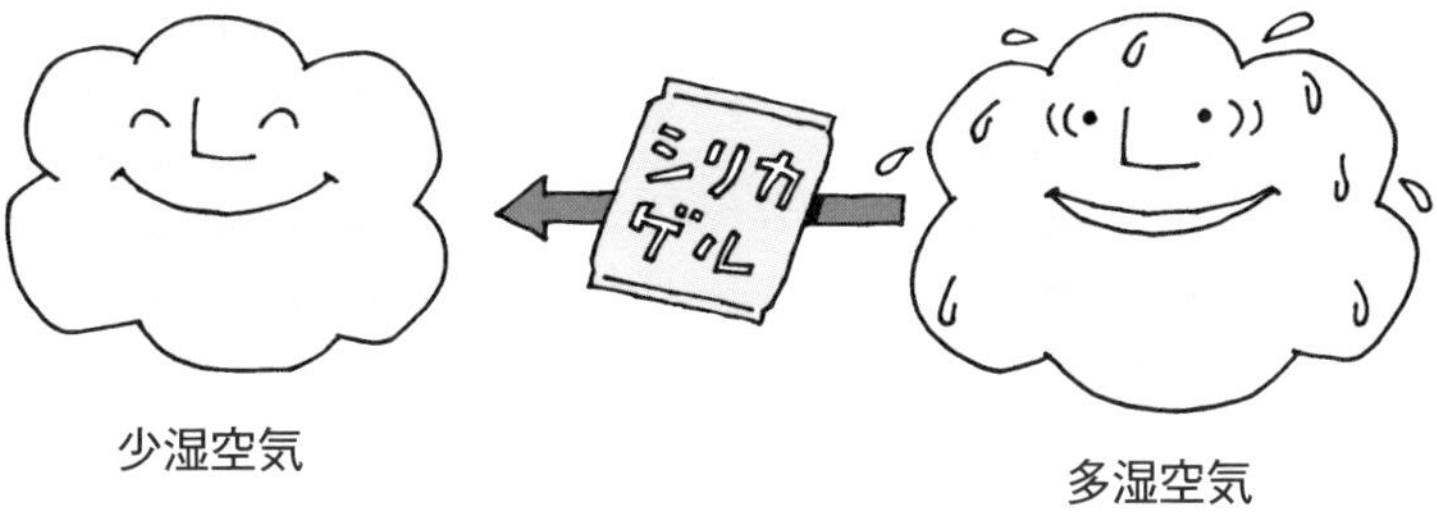

どんな仕組み?

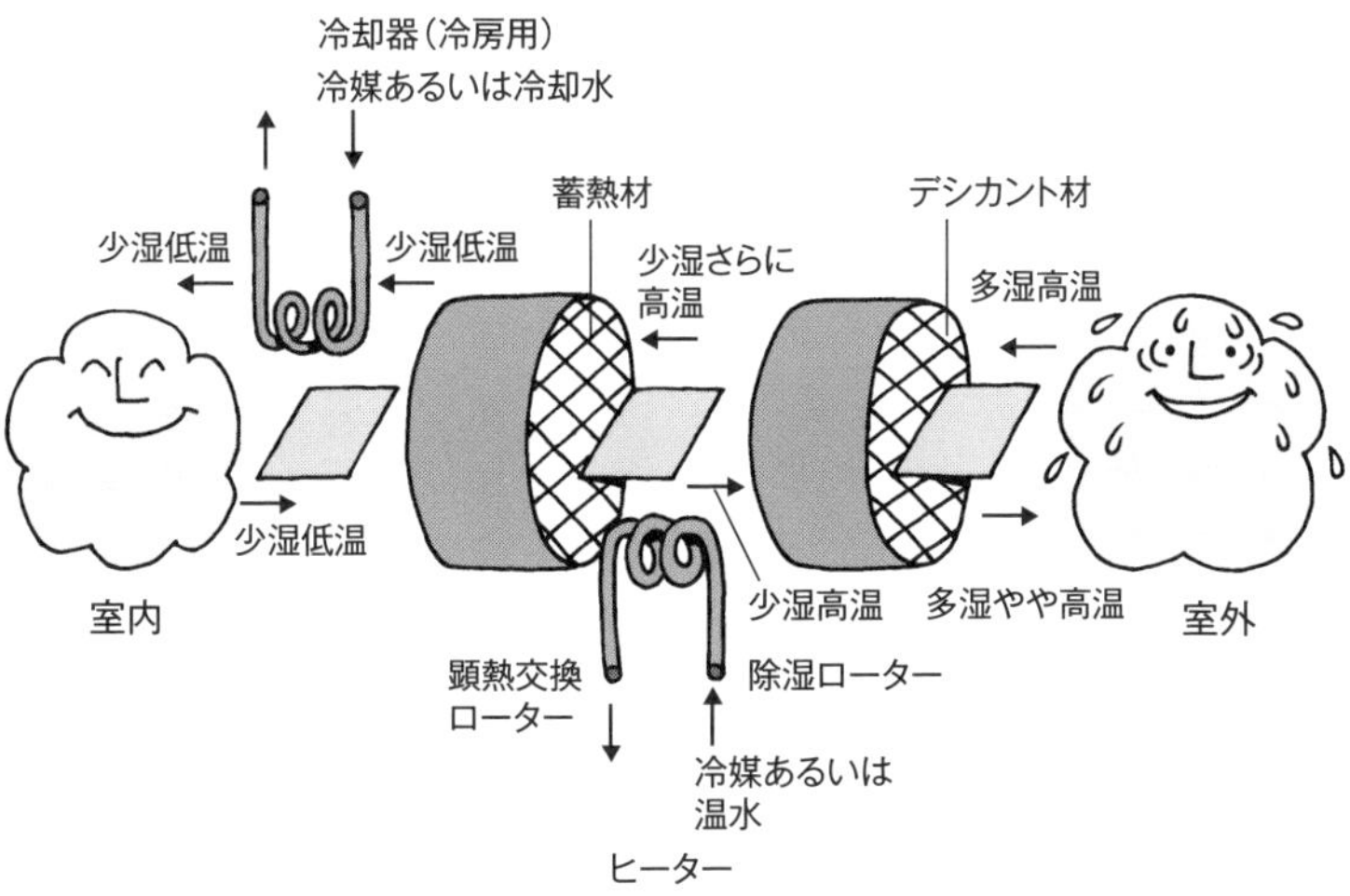

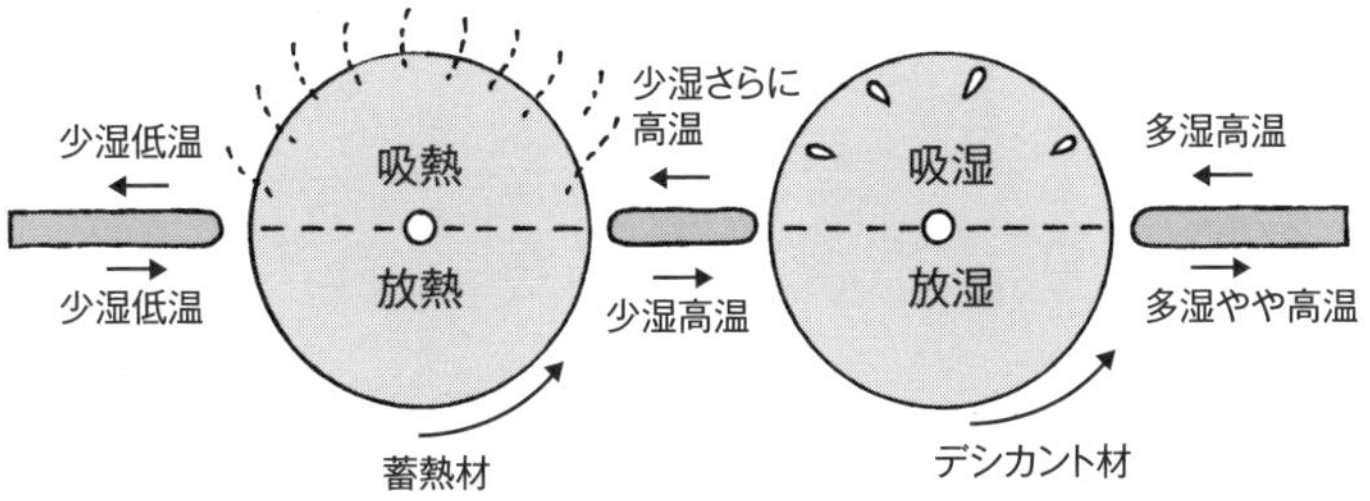

用語解説

対向流：熱変換させる流れの向きの一つであり反対方向に流れる。

47 こんなところにも冷凍空調①

宇宙服、作業服、土壌凍結工法…

空調服がブームです。もとは、夏場の屋外作業者のために、作業服に小さなファンを付けて、通風することで少しでも暑さをしのごうと開発されたものです。最近はファッション性を加えた一般用も商品化されています。エアコンのように冷やす機能はありませんが、昨今の猛暑の屋外では一定の効果があります。今後はペルチェ素子を使って冷やす機能を持たせたものも登場するようです。

船外活動をする宇宙服はどうでしょう。宇宙服には、気圧の調整、酸素の供給、宇宙塵からの防護などとともに、当然、体温調整の機能もあります。宇宙空間は低温ですが、宇宙服は人間の体温を逃がす場がないので冷却を必要とします。これが意外にシンプルで、冷却水を流すチューブが内部に張り巡らされています。

スーパーコンピュータからは膨大な発熱があります。コンピュータの温度を下げることは演算性能にも直接影響し、10℃下げれば2％の性能向上が見込めます。もう引退してしまいましたが、世界に誇るスパコン「京」は約9万個のCPUが組み合わされています。そのため、部屋全体は冷風で、発熱密度の高いCPUは冷水で冷却していました。冷水配管長は何と90 kmにも及びます。冷風、冷水を作りだす冷凍機は、大規模ビルで使われるターボ冷凍機、吸収冷凍機、スクリュー冷凍機を併用し、合算能力は1万冷凍トンを超えています。

ふつう空調機器は建物ごとに備え付けられますが、東京新宿などのように巨大なビルが集中しているような場合、その地域の空調をまかなう巨大な熱源機器を1ケ所のプラントに集中させ、各ビルに冷温水や蒸気を供給する仕組みがあります。地域冷暖房システムと呼ばれています。空調機器の運転管理がプラントに集中しているため、運用面で非常に効率的なシステムになっています。

要点BOX
- 人も機械も熱くなると能力が落ちます
- 必ずしも建物ごとにエアコンを持たなくてもよい地域冷暖房

いろいろな冷凍空調技術

地域冷暖房システムのイメージ

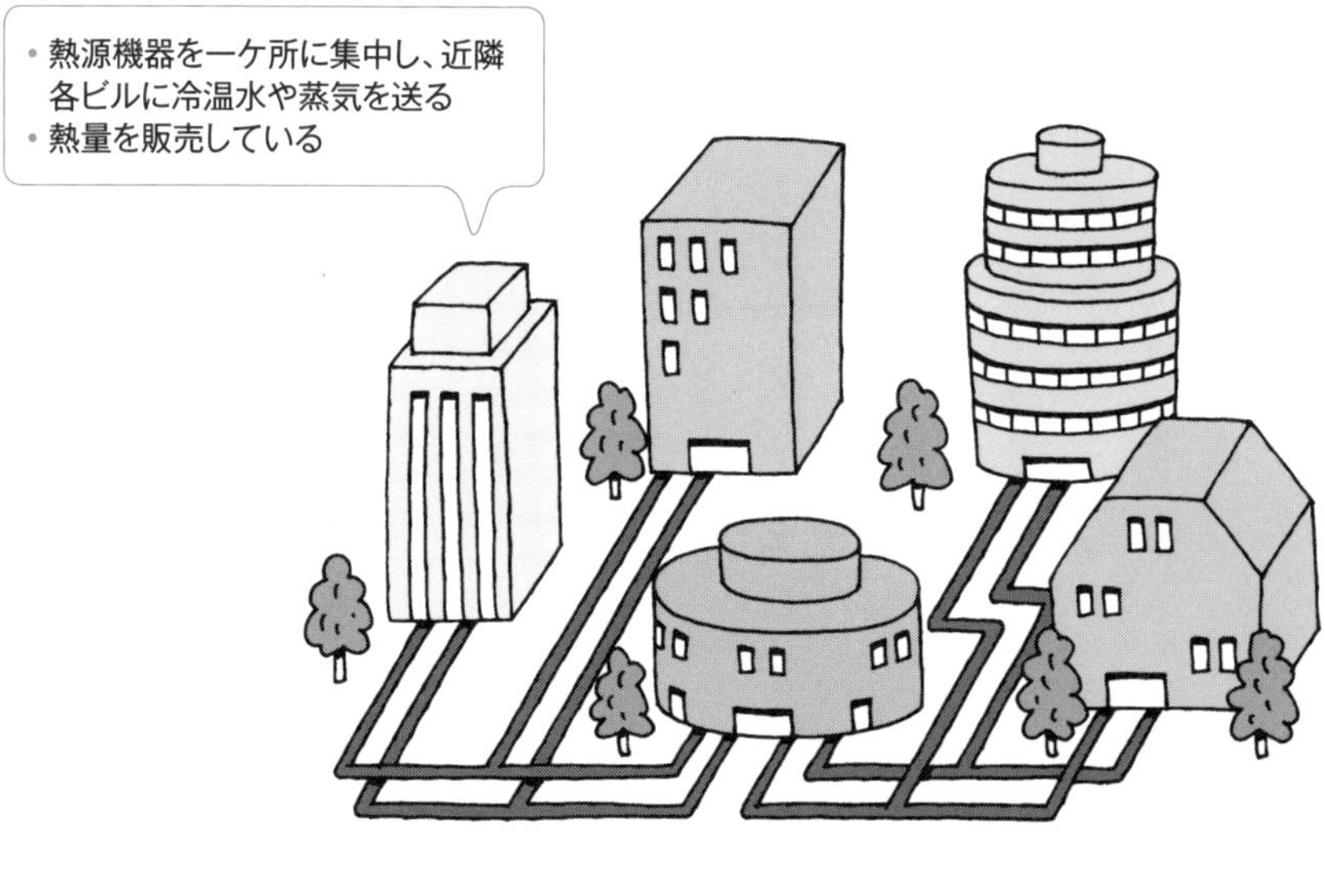

48 こんなところにも冷凍空調②

スターリングサイクル・ペルチェ素子

冷凍空調機はさまざまな温度を得ることができます。ただし、冷凍サイクルやその作動媒体である冷媒の特性によって適する運転温度が異なってきます。

ヘリウムや窒素などを使用するスターリングサイクルを用いた冷凍機は非常に低い低温を得ることができます。そのため核磁気共鳴現象を利用して細胞を観察する医療用磁気共鳴画像診断装置（MRI）や、分子構造解析用NMR（核磁気共鳴）装置などの各種超電導マグネットの冷却に用いられます。

同じように小型スターリング冷凍機は夜間時の画像を得る暗視装置や小型レーダーなどの赤外線センサー冷却にも使用されています。従来は液体窒素を直接吹きかけて蒸発させてその蒸発熱でマグネットやセンサーを冷やしていました。

窒素やヘリウム、水素などの蒸発温度が低い物質の液化にもスターリング冷凍機は使用されています。そのほかにジュールトムソン（JT）式冷凍機やギーホード・マクマホン（GM）式冷凍機（膨張サイクル）も使用されます。

小型スターリング冷凍機はより構造がシンプルなため、おでき切除や低温手術のメスとしても使用されています。

また、小型スターリング冷凍機を携帯用フリーザーボックスに取り付けて薬品輸送・保管などに使用しています。なお、携帯用フリーザーボックスや小型の冷蔵庫には小型化できるペルチェ素子（電流を流すと冷える半導体素子）を利用したものもあります。

さらに、蒸気圧縮式冷凍機のユニークな利用例として自販機や乾燥機があります。成績係数が高いことと安価なことから、冷蔵機能と組み合わせて自販機内の商品の加温にも使用されています。また、高機能洗濯乾燥機や浴室乾燥機の乾燥機能を得るために使用されています。

要点BOX

- ●ヘリウムや窒素などを使用するスターリングサイクルは非常に低い低温を得ることができるので、各種超電導マグネットの冷却に使われる

低温中に得られるスターリングサイクル

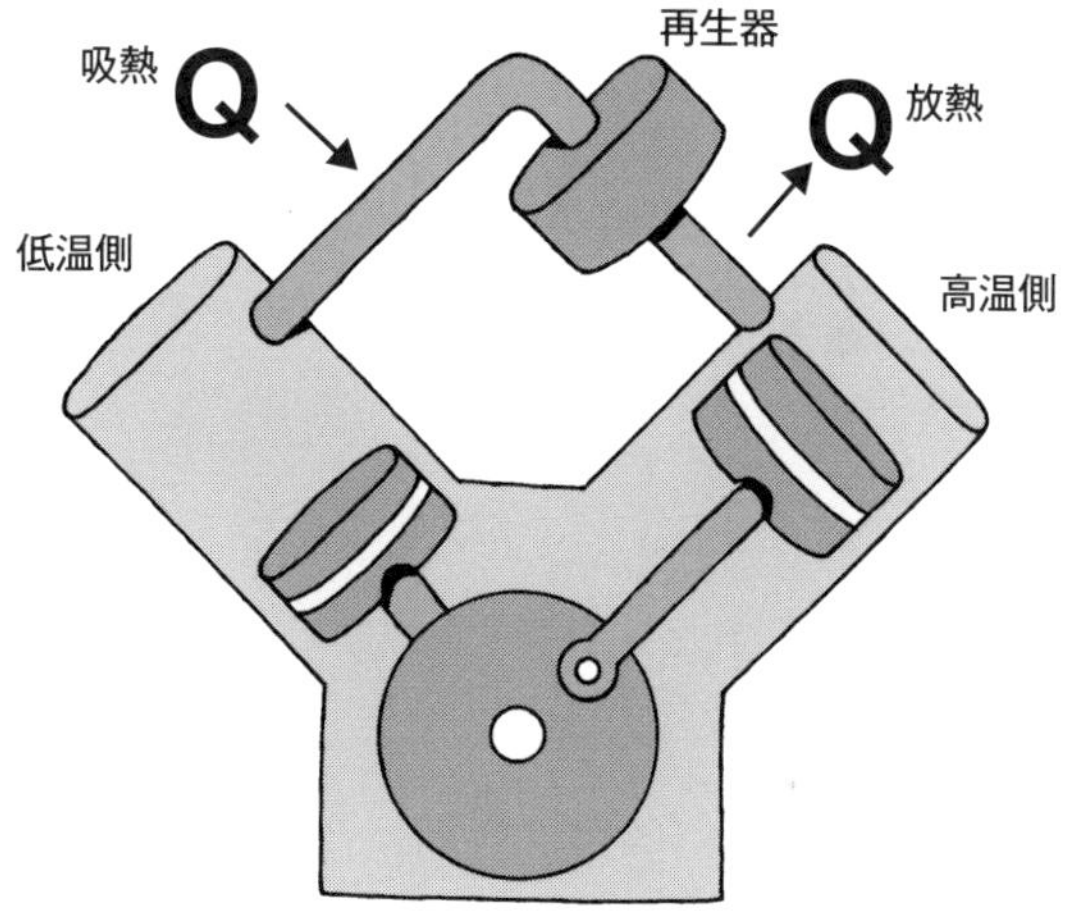

スターリング冷凍機はヘリウムや窒素の膨張・圧縮で冷・温熱を得る。
極低温も得られるので、MRIなどにも使用される

リニアースターリング冷凍機は小型で携帯性に優れる

ヒートポンプ式自販機はエアコンや洗濯乾燥機と同じ蒸気圧縮式

49 冷凍空調技術でエネルギー管理

余剰電力を上手に使う

原子力発電所がフル稼働していた頃は、夜間に電力が余ってしまう傾向にあり、この夜間の電力を使用して氷を作り、その氷の冷熱を利用して昼間冷房する氷蓄熱式空調システムがあります。これは余剰電力で水槽に氷を作り、その氷を溶かして冷水を得たり、蒸気圧縮式空調機の冷媒を冷やして冷房の能力を高めることができます。また、氷蓄熱を温熱蓄熱システムとすることができます。夜間に水槽を温水で満たし、この温水を日中の暖房に利用するのです。

再生可能なエネルギーが注目されてくると、昼間の電気が余るようになってきていました。これを蓄電池などに蓄えて、夜間や悪天候時などに使用するシステムがありますが、高性能な蓄電池はまだ高価なため広く普及していません。

そこで、太陽光の余剰電力を冷熱や温熱、氷にして蓄えるシステムが提案されています。たとえば、コンビニエンスストアなどでは商品の冷凍冷蔵の冷熱に利用したり、大型ビルでは構造体や水槽に冷熱や温熱を蓄えて、空調に利用したりすることが提案されています。家庭でも昼間にヒートポンプ給湯器の貯湯槽にお湯を蓄えて夜間に使用したり、床下に設けた蓄熱層に空調機によって得られた冷熱あるいは温熱を蓄えて、これを夜間に利用するシステムが提案されています。

将来は再生可能なエネルギーが広く普及するので、増加した余剰電力を蓄熱された冷熱や温熱を利用して低温差で発電するシステムを駆動させ、必要な時に電気に変換する方法が実用されることでしょう。

また、近年では太陽光発電の電気だけでエアコンを動かす太陽光エアコンが開発されています。このように冷凍空調技術で再生可能エネルギーのエネルギー管理が可能になってきます。環境に優しい冷凍空調技術は将来に向けてますます発展していきます。

要点BOX
●太陽光の余剰電力を冷熱や温熱、氷にして蓄えるシステムが提案されている

エネルギーを上手に管理

ソーラーエアコンは開発途上国でも注目

自然エネルギーのエネルギー管理

冷凍空調器を用いると再生可能エネルギー発電を
冷・温熱としてエネルギー保存可

Column

コールドチェーンで輸送されているものいろいろ

コールドチェーンとは、生鮮食料品などを生産地で低温処理し、冷凍冷蔵トラックあるいはコンテナを鉄道や船などに載せて運搬し、スーパー・コンビニのショーケース、家庭の冷凍冷蔵庫へたどり着くまでの低温流通体系をいいます。

生鮮食料品はもちろんですが、医薬品、血液、化学薬品、写真フィルム、炭素繊維なども低温管理が必要です。

とくに医療の分野ではコールドチェーンが重要な役割を果たしています。ワクチン製剤や医薬品は2～8℃で管理されています。常温流通では日本全国に輸送できませんでしたが、コールドチェーンにより、どの医療機関へにも輸送が可能になりました。また輸血用の血液は、血液パックの形でやはり2℃～8℃で管理されています。8℃を少しでも上回ると廃棄処分されますので、温度をモニタリングするなど厳重な管理がされています。

プリプレグと呼ばれる強化プラスチック成形材料は、生もののようなもので、マイナス18℃で保管されます。常温環境での使用期限は1ケ月程度で、冷凍保管することにより6ケ月程度に寿命が延びます。当然輸送は保冷状態とします。

家庭用のプロパンガスの原料のLPG（液化石油ガス）は原油採掘時の随伴ガスですが、従来は輸送手段がなく、ほとんど油田で燃やしていました。そこで日本が世界に先駆けて技術開発を行い、低温液化型LPG船を就航させました。かつては油田で大きな炎をあげて燃えていた原油随伴ガスを、この技術は貴重なエネルギー資源として利用することを可能にしました。LPGは常圧でマイナス42℃で液化するので、その状態を保ちながら液体で輸送します。タンクは防熱されていますが熱の侵入は避けられないので一部が蒸発します。蒸発したガスはコンプレッサーで圧縮液化され、海水で冷やされたのちタンクに戻されます。

第6章
冷凍空調技術と社会の課題

50 冷凍空調で豊かな生活を支えるにはたくさんのエネルギーが必要

エネルギー問題

地球温暖化、酸性雨、オゾン層の破壊、砂漠化など、今ではエネルギー問題や地球環境問題は誰もが一度は聞いたことのある全人類共通の解決すべき課題です。これらの問題と冷凍空調機器の関係を確認していきましょう。

我々の日常生活に欠かすことのできない電気や熱などのエネルギー。このようなエネルギーの多くは、石炭や石油、天然ガスなどの化石燃料を燃やし、大量に消費することで得られています。冷凍空調機器も、日々大量のエネルギーを消費しており、冷凍空調業界にとってエネルギー問題は切っても切れない関係にあるといえるでしょう。

①化石燃料

18世紀後半の産業革命以降、化石燃料は、さまざまな用途の燃料としてまたたく間に世界各地で大量消費されるようになり、人類の生活を一変させました。ところが、エネルギーを取り出した後に残る二酸化炭素やさまざまな不純物が大気中に放出され、地球温暖化、酸性雨、砂漠化などの地球環境問題を引き起こすことになりました。また、化石燃料は「限りある資源」です。新たな油田や鉱山が発見されたり、採掘技術の向上などの技術革新も進んでいますが、いつかは尽きてしまう資源なのです。

②エネルギーの寿命

では、石炭や石油、天然ガスなどの化石燃料は、あとどのくらい利用可能なのでしょうか。

国際エネルギー機関によると、エネルギー資源確認埋蔵量は石炭が100年程度、石油、天然ガスは50年程度とみられています。私たちか、次の世代が生きている間に尽きてしまう可能性が高いことは確かです。

また近年、中国やインドなどのアジアを中心とした新興国が急速な経済発展を遂げ、今後さらに加速していくことが予想されており、経済を支える化石燃料の需要も増加していくことは明らかです。

要点BOX

- 豊かな生活には大量のエネルギー消費という代償が
- 冷凍空調機器は多くのエネルギーが必要

冷凍空調と電気エネルギー

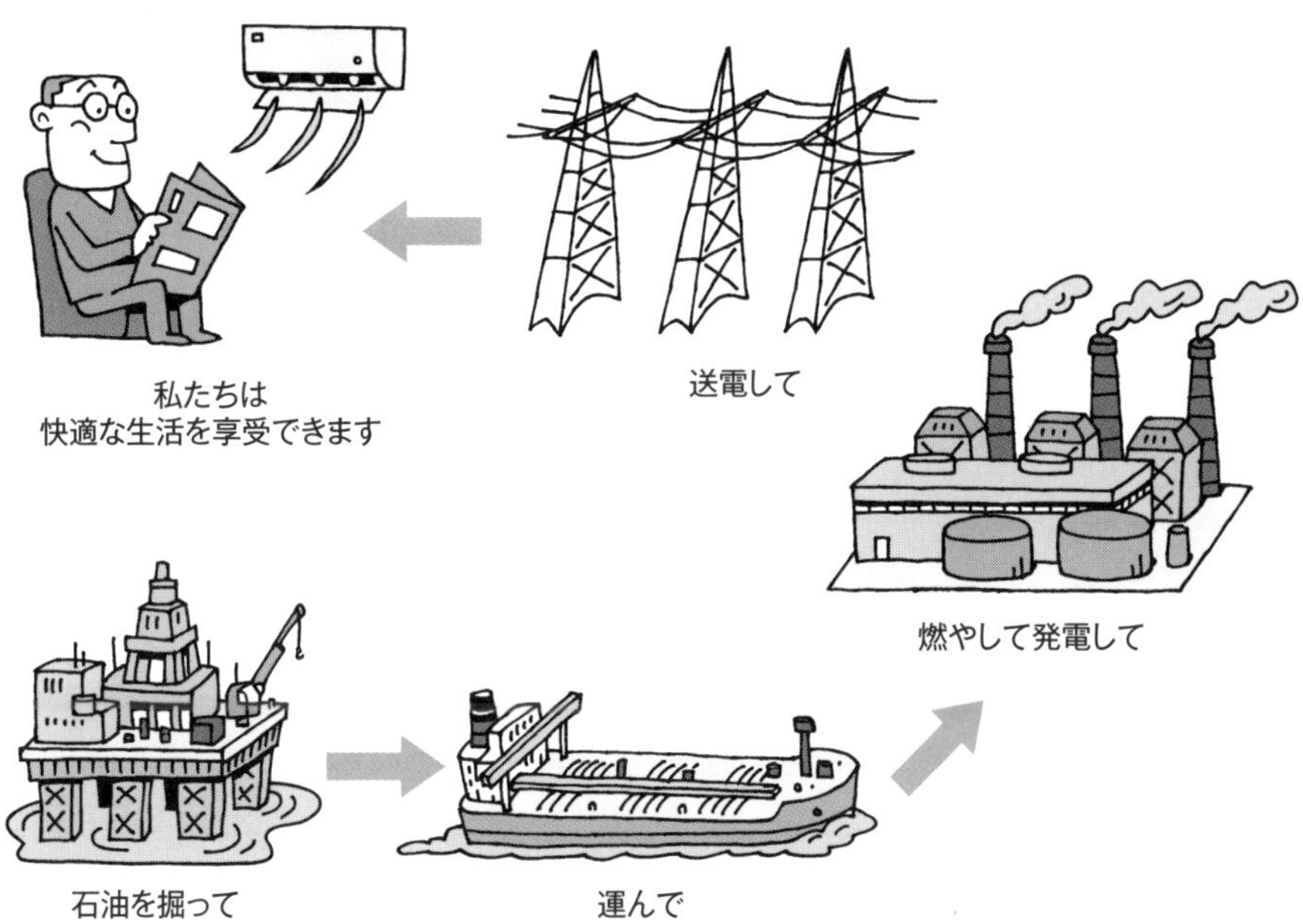

エネルギー資源の確認埋蔵量（可採年数）

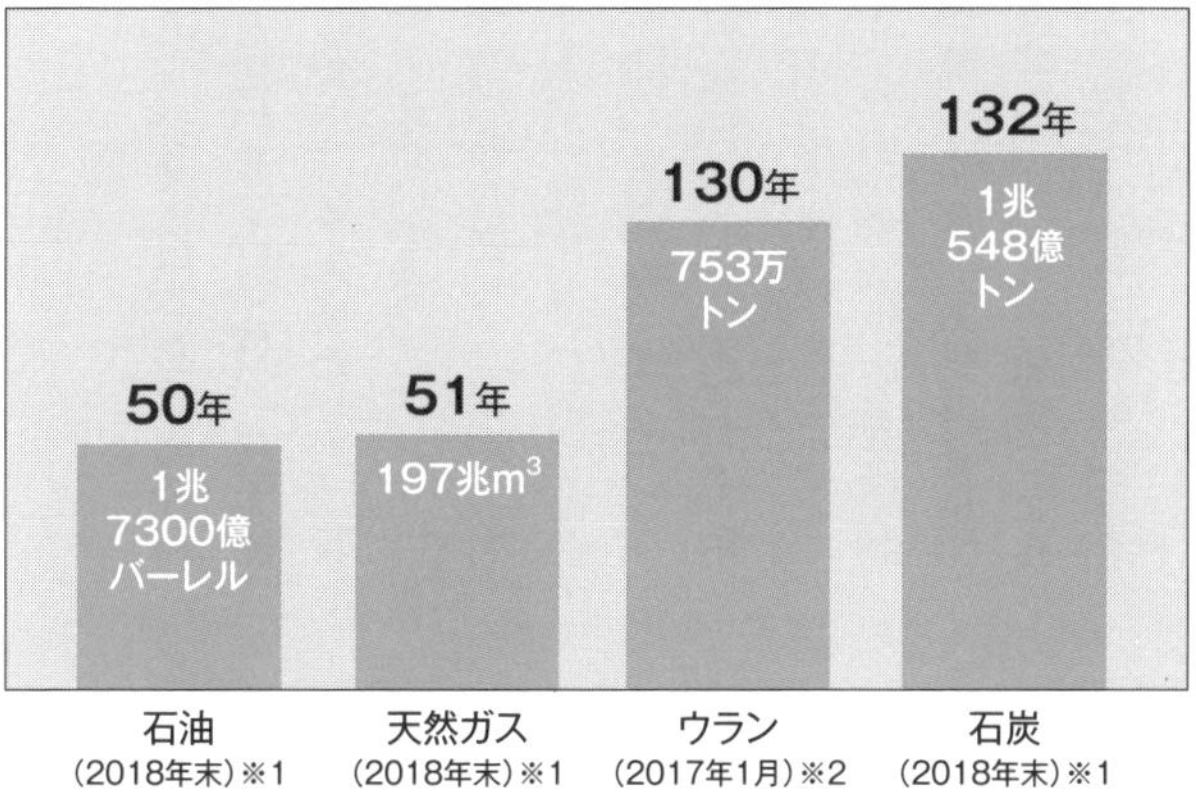

（注）可採年数＝確認可採埋蔵量／年間生産量
ウランの確認可採埋蔵量は費用130ドル／kgU未満
出典:※1／BP統計2019　※2／OECD・IAEA「Uranium 2018」

51 日本の電力事情

化石燃料は有限、しかもそのほとんどは輸入に依存

日本は石油や天然ガスなどのエネルギー資源が乏しく、原子力を含まないエネルギー自給率は7%で、エネルギー資源のほとんどを輸入に頼っているのが現状です。輸出国の情勢次第で、電力の安定供給ができなくなるリスクととなり合わせに生活をしているともいえるのです。

1973年に発生したオイルショックを契機に、さまざまな省エネの技術が開発され、さらには、化石燃料に依存しすぎない社会にするため、エネルギー源の多様化、分散を進めてきました。しかし、2011年の東日本大震災後にすべての原子力発電が停止し、いままで発電量の3割以上を占めていた原子力発電がほとんど稼働できない状況が続いています。

資源エネルギー庁が発表している「2017年度エネルギー白書」によると、2015年時点での国内の一般電気事業者による発電量のうち、石炭・石油・天然ガスを合わせた火力発電の割合は実に8割以上を占めています。発電において、いかに日本が化石燃料に依存しているかがわかると思います。一方、日本の年間電力消費量は世界第4位で、1人あたりの消費量も世界第4位と高い水準にあるのです。

今ではほとんどの家庭に冷蔵庫があり、エアコンも複数台取り付けられていますが、都市部一般家庭の電力消費量のトップ3は、照明、冷蔵庫、エアコンで、冷蔵庫が約17%、エアコンが約16%で、この二つの電化製品で全体の3分の1を占めています。

また、オフィスビルのエネルギー消費構造を見ると、空調に使われるすべての機器、すなわち熱源機器、ポンプなどの補機、熱搬送機器、それら消費エネルギーの合計は、ビル全体の消費エネルギーの約43%を占めており、照明やコンセントとほぼ同じエネルギー消費量になっています。

要点BOX
- ●石油や天然ガスはほとんど輸入に依存
- ●輸出国の情勢次第というリスク

エネルギー源の変化

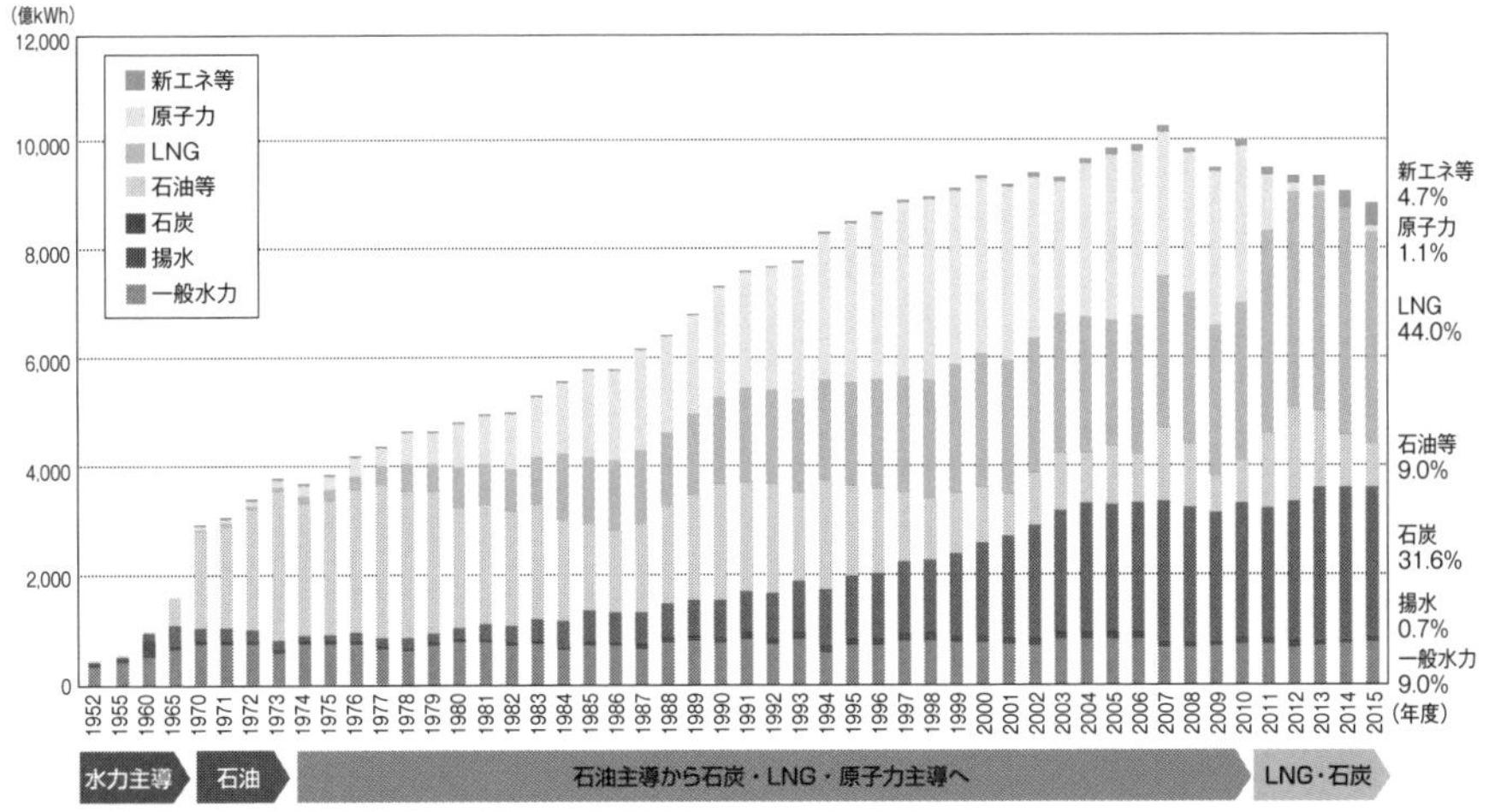

出典：経産省資源エネルギー庁　『エネルギー白書2017』

主要国の一人あたりの電力消費量

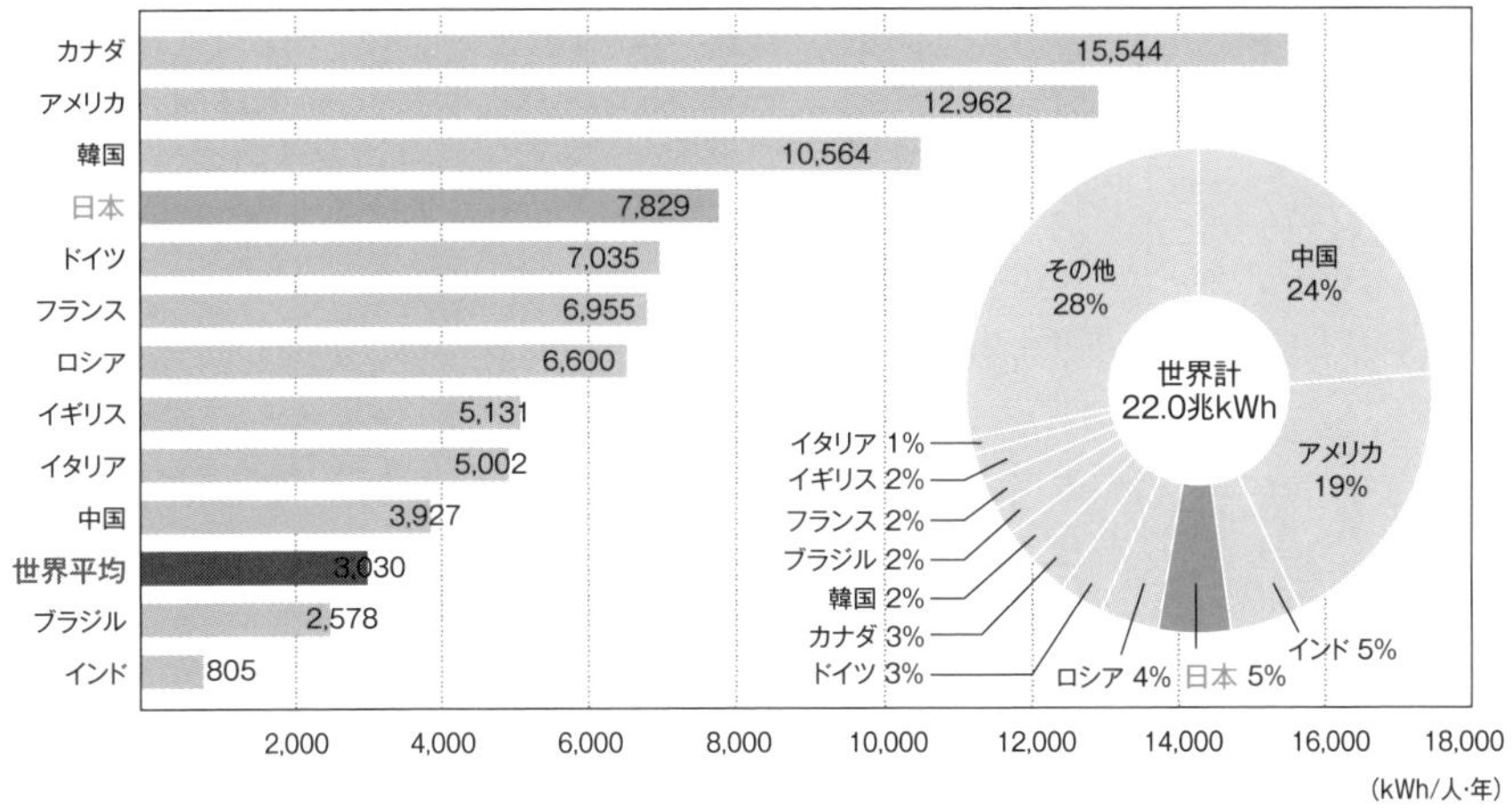

出典：(一般財団法人)日本原子力文化財団　『原子力・エネルギー図面集』

52 20世紀に使っていたフロンはオゾン層を破壊

オゾン層破壊問題

地球の大気圏の高層部には、酸素（O_2）が紫外線の影響を受けて化学反応を起こしたオゾン（O_3）が存在し、オゾンの密度が高い部分をオゾン層と呼びます。通常は、オゾン層が地球全体を覆っており、生物に有害な紫外線を吸収する働きをしているのです。これが塩素などの影響で過剰に分解されてしまう現象がオゾン層破壊です。

オゾン層の破壊により、地表にふりそそぐ有害な紫外線が増加すると、皮膚がんや白内障など人の健康に悪影響をもたらすばかりでなく、動植物の遺伝子を傷つけ、生存を妨げるおそれがあります。太古の昔のように生物は海の中に戻らなければならなくなります。

1985年、南極でオゾンホールが発見され、実際にオゾン層が破壊されている証拠が確かめられると、世界中で大問題になり、冷凍空調機器の冷媒として古くから使われてきた塩素を含んだフロン（CFC・HCFC）に関心が集まりました。このフロンは、冷媒としての用途だけでなく、「無色」「無臭」「無毒」ということから、洗浄剤やスプレーの噴射剤としても使われており、大気に放出されてきました。しかし、オゾン層破壊と塩素の関係が明らかになったことで、全面禁止となり、現在は塩素を含まない代替フロンに転換されています。

このフロンの大気中の濃度は、規制が始まった1989年以降は徐々に増加が鈍り、最近はほとんど伸びが止まっています。そして、オゾン層も回復傾向にありますが、オゾン層破壊が顕著になった1980年代の水準に回復するのは2060年までかかると予測されています。現在販売されている冷凍空調機器は、代替フロンが使われていますが、塩素を含んだフロンを使った機器は全廃されたわけでなく、まだ相当数稼働していますので、オゾン層破壊問題は完全に解決したわけではありません。

要点BOX
- ●オゾン層は大切なバリア
- ●オゾン層破壊問題はやっと下げ止まった段階

フロンとオゾン層の破壊

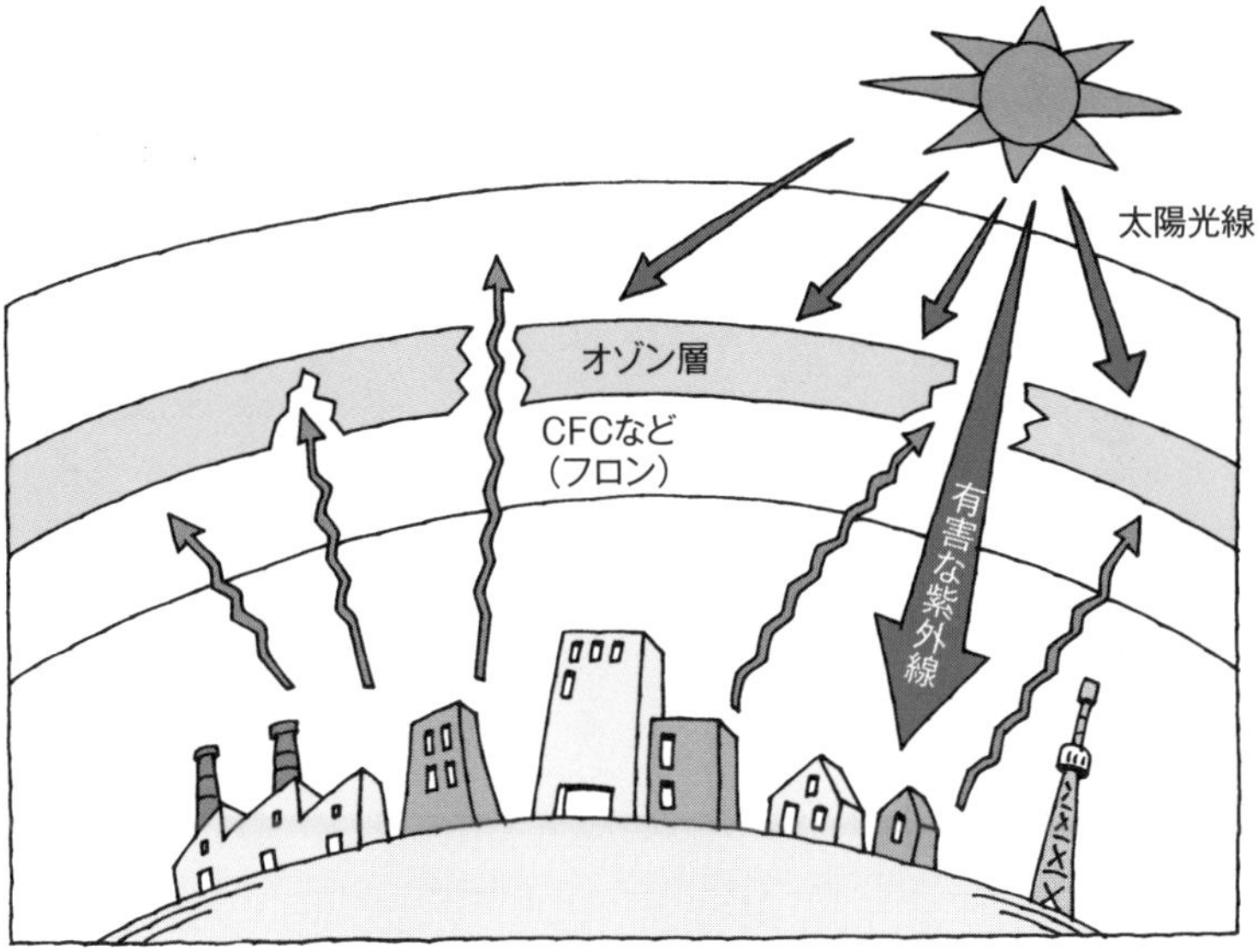

オゾン層破壊のメカニズム

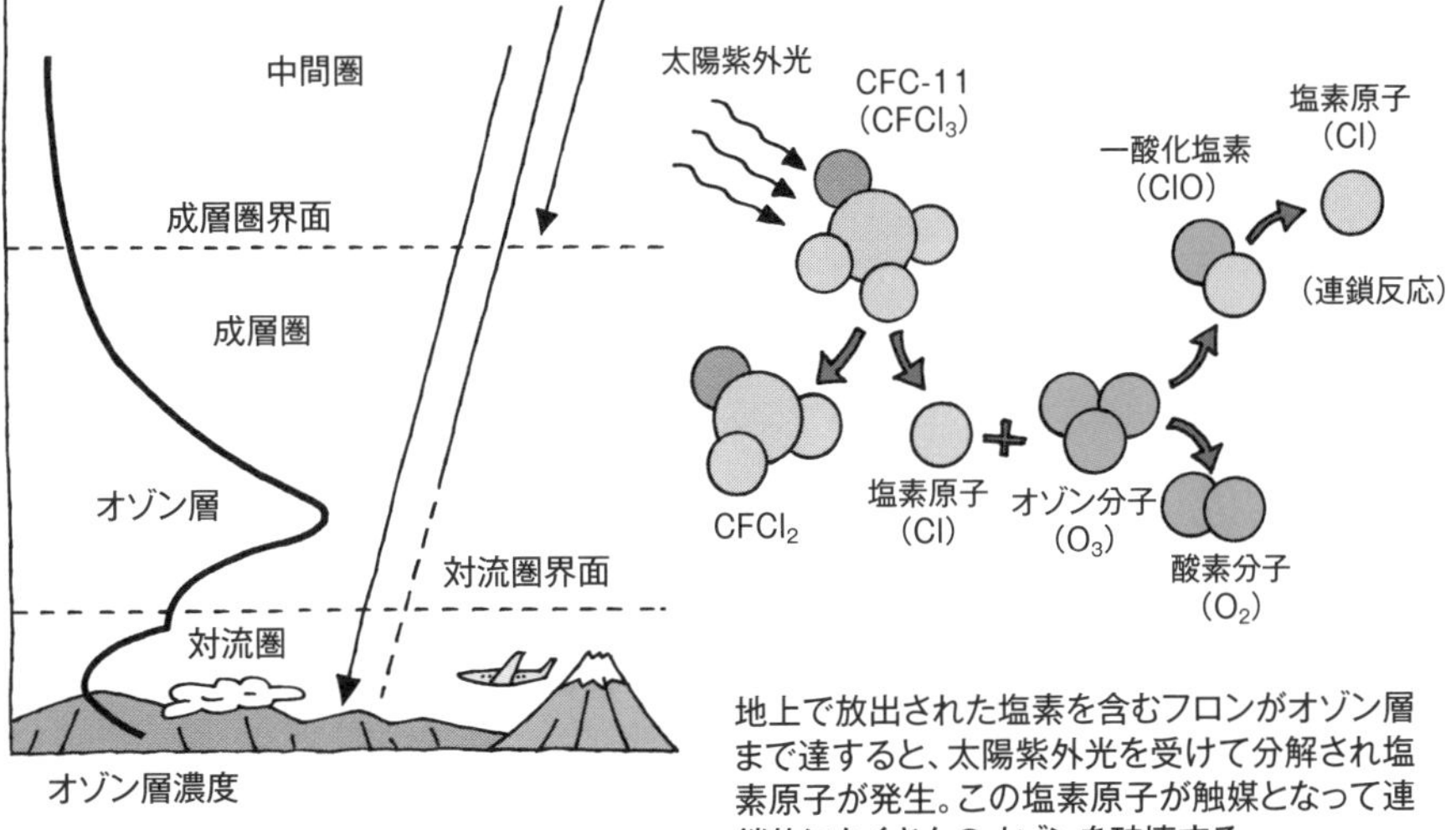

地上で放出された塩素を含むフロンがオゾン層まで達すると、太陽紫外光を受けて分解され塩素原子が発生。この塩素原子が触媒となって連鎖的にたくさんのオゾンを破壊する

53 フロンの温暖化影響削減のため、新冷媒への挑戦

地球温暖化問題

　地球の大気や海水の平均温度が長期的に上昇する地球温暖化には、さまざまな要因があるといわれていますが、そのうちの1つに温室効果ガスの影響があります。温室効果ガスは、地表から放射された赤外線の一部を吸収し、温室効果をもたらしますが、中でも、近代以降、人為的に大量に排出され続けているCO_2（二酸化炭素）の影響が最も大きいとされています。

　この地球温暖化においても冷凍空調機器は大きな関わりがあります。まず、冷凍空調機器を工場で生産するためには素材やエネルギーを必要とします。エネルギーを生み出すためには、主に化石燃料が使用されますので、CO_2が発生します。また、冷凍空調機器を運転するときにも電力を必要としますので、CO_2が発生します。そして、フロンが大気に放出されると、やはり温室効果をもたらすのです。

　前述のとおり、オゾン層破壊問題で規制対象となったCFC・HCFCですが、その代わりに使われるようになったのが、代替フロンと呼ばれるハイドロフルオロカーボン（HFC）です。HFCはオゾン層破壊効果を持たないため広く普及しましたが、一方でCO_2に比べ、地球温暖化係数が何百倍、何千倍と高いことが問題となり、国際社会全体で削減に向けた取り組みが進められています。代替フロンのさらに代替は、温室効果の極めて小さいフッ素化合物や自然冷媒で、技術開発が進められています。

　冷凍空調機器は、それなしでは生活がままならないほど、社会全体に浸透しており、社会基盤の一つといっても過言ではないでしょう。冷凍空調機器は現在もその台数を増やし続けています。

　冷凍空調業界に携わる人々は、省エネルギー、高効率でより環境負荷の少ない冷凍空調機器の開発と普及に向けて努力し続ける社会的責任を負っていると同時に、持続可能で地球にやさしい社会の実現のためのキーパーソンでもあるのです。

要点BOX

- オゾン層を破壊しない新冷媒（代替冷媒）も地球温暖化問題は抱えている
- さらに新しい冷媒への転換が求められている

フロンと地球温暖化との関係

オゾン層を破壊しないフロンに転換されたが…

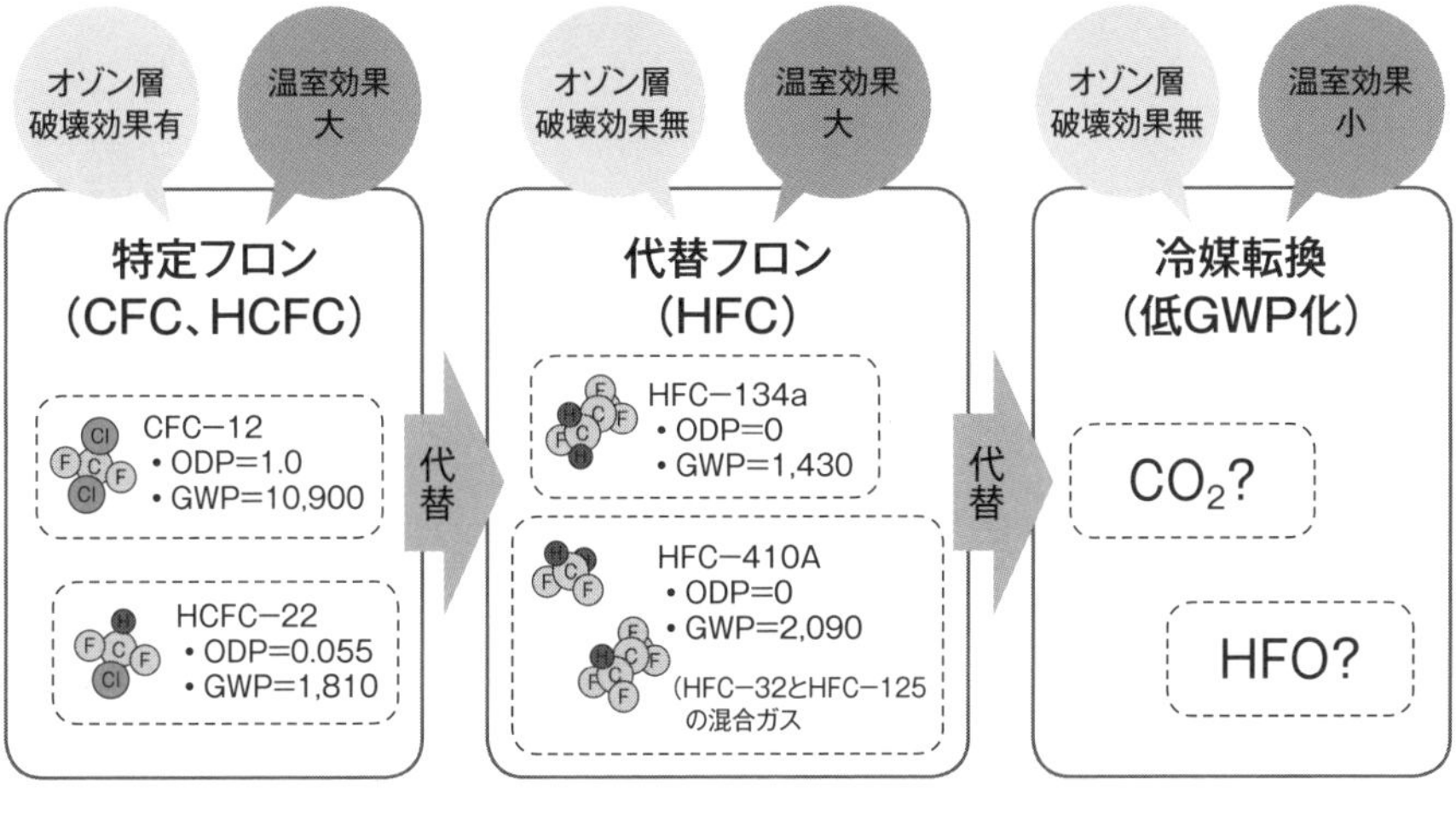

54 エアコンをしっかり管理して環境に貢献

フロンの漏れ防止、廃棄時のフロン回収

日常生活になくてはならない存在になっている自動車は、カーディーラーなどによる定期点検により、安全が確保され、私たちの生命を守り、健全な社会インフラとしての役目を維持しています。

冷凍空調機器も同じです。適切なメンテナンスを怠ると、突然故障したり、性能が低下したり、機器寿命が短くなったりします。すなわち、肝心なときに冷暖房が効かなかったり、余分な電気代がかかったり、想定外に早い時期に機器を入れ替えなければならなかったりするわけです。このことは、ユーザーのふところが痛むのはもちろんですが、無駄の積み重ねですので、知らず知らずのうちに地球環境にも影響を及ぼしています。また、機器が健全であっても、冷媒として封入されているフロンが漏れると、やはり地球環境に大きな影響を与えます。

詳細なメンテナンスは一般に専門技術者が行います。専用ツールを使って運転データを取り、冷暖房性能、圧縮機・ファン・センサーなどの劣化、熱交換器・エアフィルターなどの汚れ、冷媒の漏えいの有無などを確認し、必要な処置をします。場合によっては、運転履歴から省エネアドバイスもしてくれます。

ユーザーはそこまではできませんが、ユーザーができる範囲もあります。工具や計器などは使わない目視外観点検です。たとえば、室内機ならば外観、音、冷え具合に異常はないか、室外機ならば異音・異常振動がないか、外観に傷・腐蝕・錆はないか、周辺に油のにじみはないかなどです。あきらかに使用年限が経ったような古い機器を使用し続けないことも大切です。修理は専門家に任せるとして、ユーザーが目で見て、耳で聞いたことを専門家に伝えればよいのです。

ルームエアコンやカーエアコンを除くすべての業務用冷凍空調機器は、法律（フロン排出抑制法）によって点検と廃棄時のフロン回収が義務付けられ、冷媒の漏えいを未然に防いでいます。

要点BOX
- ●スイッチを押せば動くけどもっと注意して見てあげたい
- ●丁寧に扱えばふところにも優しくなる

点検管理

フロン排出制御方に基づく簡易点検は、全ての業務用冷凍空調機器（カーエアコンを除く）が対象となる、フロンの漏えいを未然に防ぐための点検

点検頻度

3ケ月に1回以上

点検実施者

実施者の具体的な限定なし

点検項目

- 外観
- 音
- 庫内温度

※冷凍冷蔵機器のみ

たとえば

冷凍冷蔵のショーケース

- 熱交換器の霜付きの有無
- 庫内の温度

など

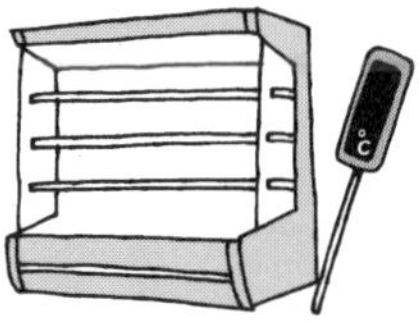

例えば

室外機

熱交換器および目視検査で確認可能な配管部分などの

- 異音・異常振動
- 製品外観の損傷
- 腐食
- 錆び
- 油にじみ

など

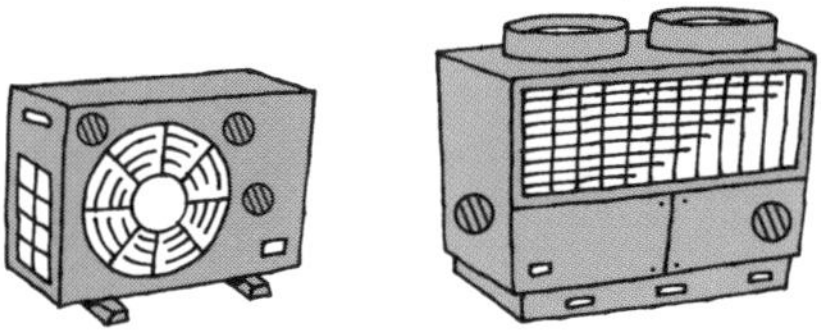

室外機の腐食

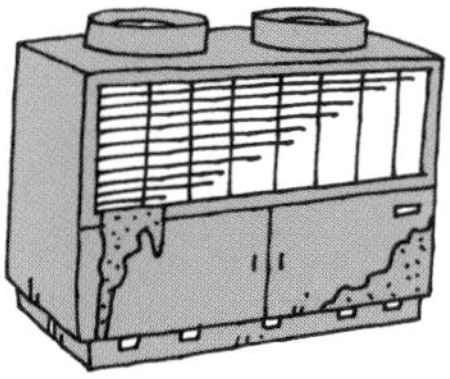

室外機の油にじみ

損傷・異音・異常振動の有無の確認

漏えいが確認された場合は、可能な限り速やかに冷媒漏えい個所を特定し、原則、充填回収業者に充填を依頼する前に、漏えい防止のための修理等を行う必要がある

55 上手なエアコンの使い方

省エネ運転のすすめ

日本には四季があります。日本の春や秋は比較的過ごしやすいのですが、夏は蒸し暑く、日中の気温はおおよそ30℃～35℃にもなり、また湿度が高いため体感温度はさらに高く感じます。冬は1月の終わりから2月のはじめにかけて最も気温が下がり、季節風によって日本海側では雪、太平洋側では晴れて乾燥することが多くなります。

人が快適に感じる温度はおよそ25℃前後ですので、夏の暑さや冬の寒さをしのぐために、各家庭においてはエアコン、扇風機、ヒーター、ストーブなどを用いています。家庭用のエアコンは、夏は室内の空気が持っている熱を室外に移動させ、冬はその逆の熱の移動により、冷房・暖房をしています。

また、除湿・加湿機能を備えたものもあります。しかし、エアコンは、エネルギーを消費しますので「冷やしすぎ」「暖めすぎ」に気をつけて、上手に使う必要があります。

たとえば、夏の冷房時の室温は28℃、冬の暖房時の室温は20℃を目安とするのが望ましいとされています。夏の温度設定を1℃高くすると約13％、冬の温度設定を1℃低くすると約10％の消費電力の削減につながります。

また、扇風機やサーキュレーターを併用して風を上手に利用するとより効果的です。すなわち、夏は風が体にあたると涼しく感じ、冬は部屋の天井付近に溜まってしまう暖まった空気をサーキュレーターで循環させることで効率よく部屋全体を暖めることができます。

エアコンの中を通過する空気中にはゴミや異物などが含まれています。エアコンに内蔵されているフィルターでゴミや異物が機器に損傷を与えないようにしていますが、その量が多くなると風が流れにくくなり、エアコンの性能を低下させます。それを防ぐために適切な清掃によって性能を維持することが大切です。

要点BOX
- ●快適性と省エネ性を考慮した運転方法
- ●フィルター清掃で性能を維持し、省エネに貢献

省エネ性が優れたエアコンでさらに電力の無駄を省く

カーテンで窓からの熱の出入りを防ぎましょう。タイマーを上手に使い、必要な時間だけ運転する

風向きを上手に調整しよう（風向き板は冷房では水平、暖房では下向きに）

室外機の吹出口にものを置くと、冷暖房の効果が下がる

扇風機を上手に使って空気を循環させましょう

扇風機とエアコンを併用して快適に過ごそう

エアコンの冷気を扇風機で部屋中に循環させることで、体感温度（肌で感じる温度）を下げ、いっそう涼しく感じられる

デリケートな微風調整や首振りなど、工夫された機能が開発されている

暖かい空気は天井付近にたまりがち。扇風機で風を循環させることにより、足もとまで暖かさが広がる

清掃で性能維持

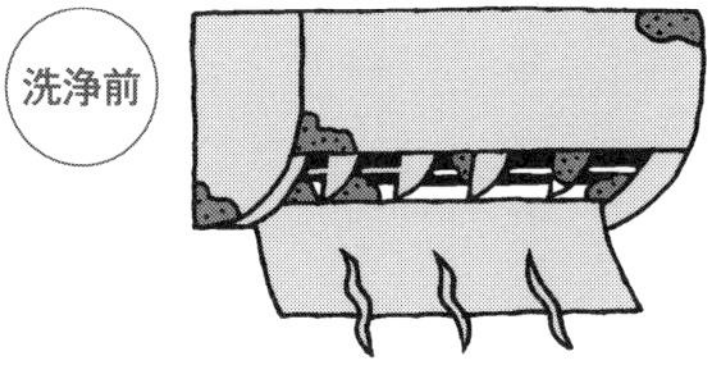

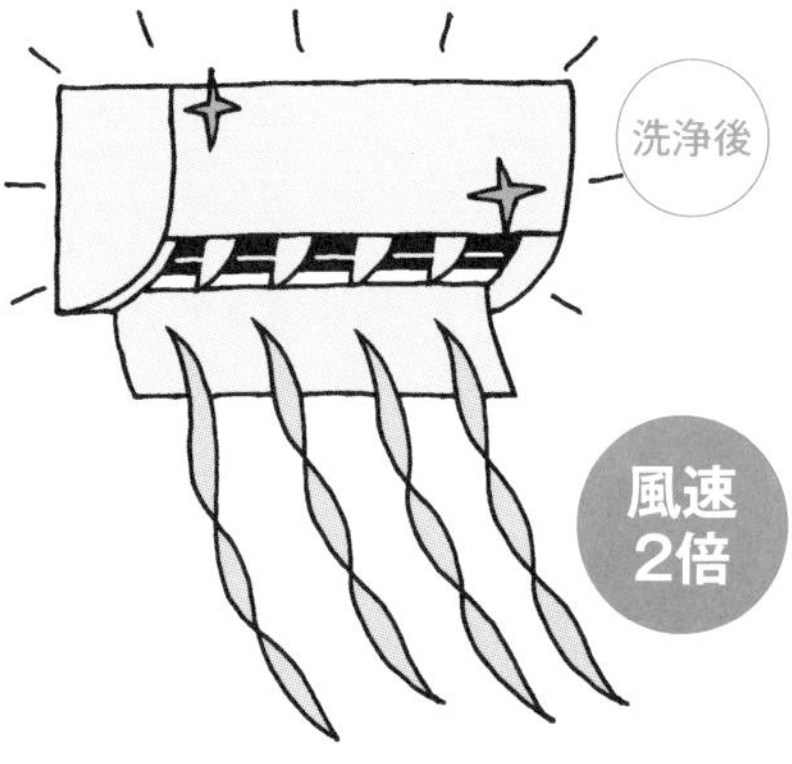

56 限りある資源、家電もリサイクル

家庭用エアコンの再商品化率は92％

一般家庭から棄てられる家電製品は年間約60万トンにもおよび、これまではそのほとんどが埋め立てられていましたが、それにも限界があります。また、廃家電には再利用できる資源がたくさん含まれており、それらの再利用促進のために家電リサイクル法が誕生しました。

すなわち家電リサイクル法は、エアコン、テレビ、冷蔵庫、洗濯機の家電4品目を対象とし、製造業者に一定水準以上の再商品化を義務付けたもので、それら廃棄物から、有用な部品や材料(鉄・銅・アルミ・ガラス・プラスチックそして冷媒も)をリサイクルし、廃棄物を減量するとともに、資源の有効利用を推進するための法律です。これにより、部品や材料の製造時のエネルギーや二酸化炭素の発生を低減します。

当初はエアコン60％以上、ブラウン管テレビ55％以上、冷蔵庫及び洗濯機50％以上とされていましたが、商品化率の実績が法定の基準を上回ったので、液晶・プラズマテレビ、衣類乾燥機が対象機器に追加されるとともに、法定再商品化率が引き上げられました。

家電には、家電メーカー、家電小売店、消費者が関係しますが、使った人(消費者)は費用を払う人、売った人(家電小売店)は収集、運搬をする人、作った人(家電メーカーなど)はリサイクルをする、という役割分担になります。リサイクルには、収集や運搬、処理にいろいろお金がかかります。だから、作った人も、売った人も、使った人も、みんなが協力し合うことが必要なのです。みんなの努力の結果、再商品化率の実績は、電気冷蔵庫で80％、エアコンで92％と高い水準を維持しています。

家電製品の不法投棄は近隣への迷惑になることはもちろん、しみだした重金属などの有害物質による土壌汚染など環境にも大きな影響を与えます。不法投棄は廃棄物処理法によって固く禁じられており、違反した場合には重い罰則がかかります。

要点BOX
- ●家電品の再商品化率は高水準
- ●不法投棄はもってのほか

家電リサイクル法の対象の家電4品目

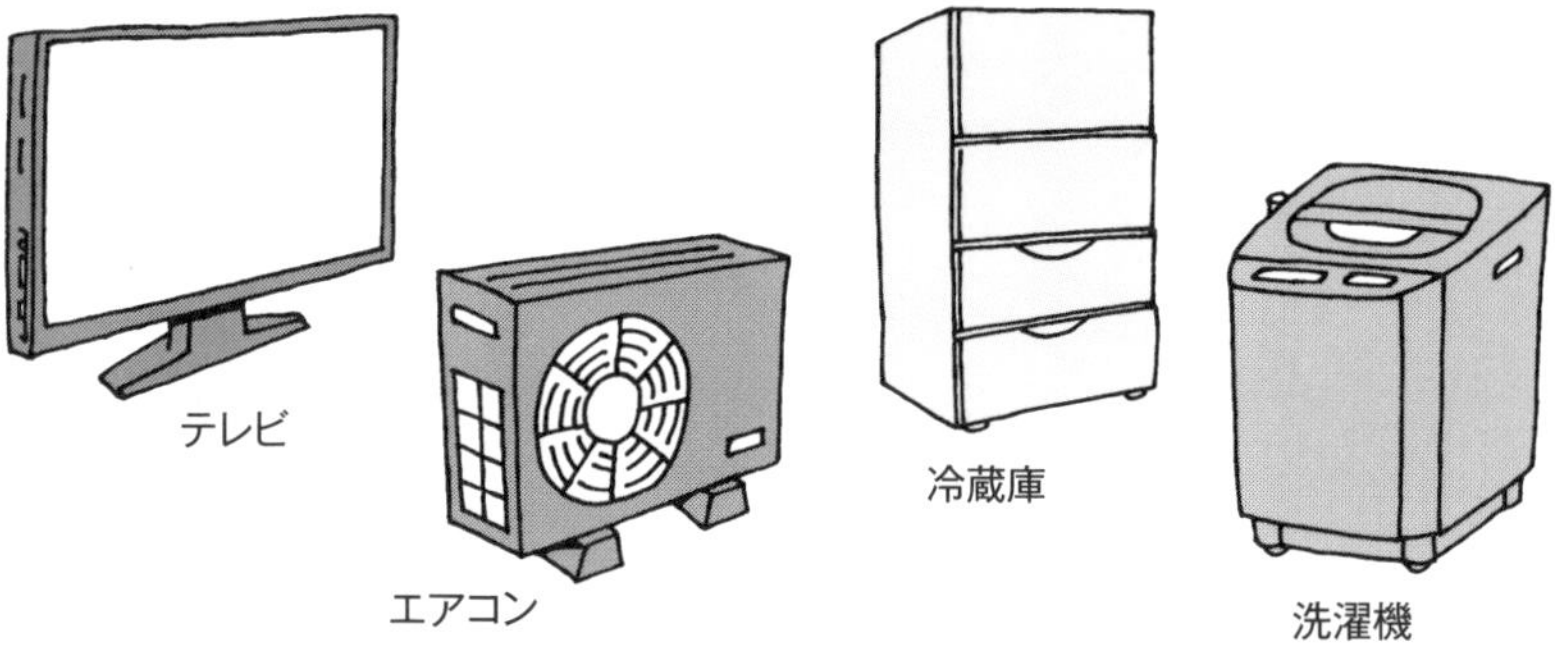

常温破壊行程の例

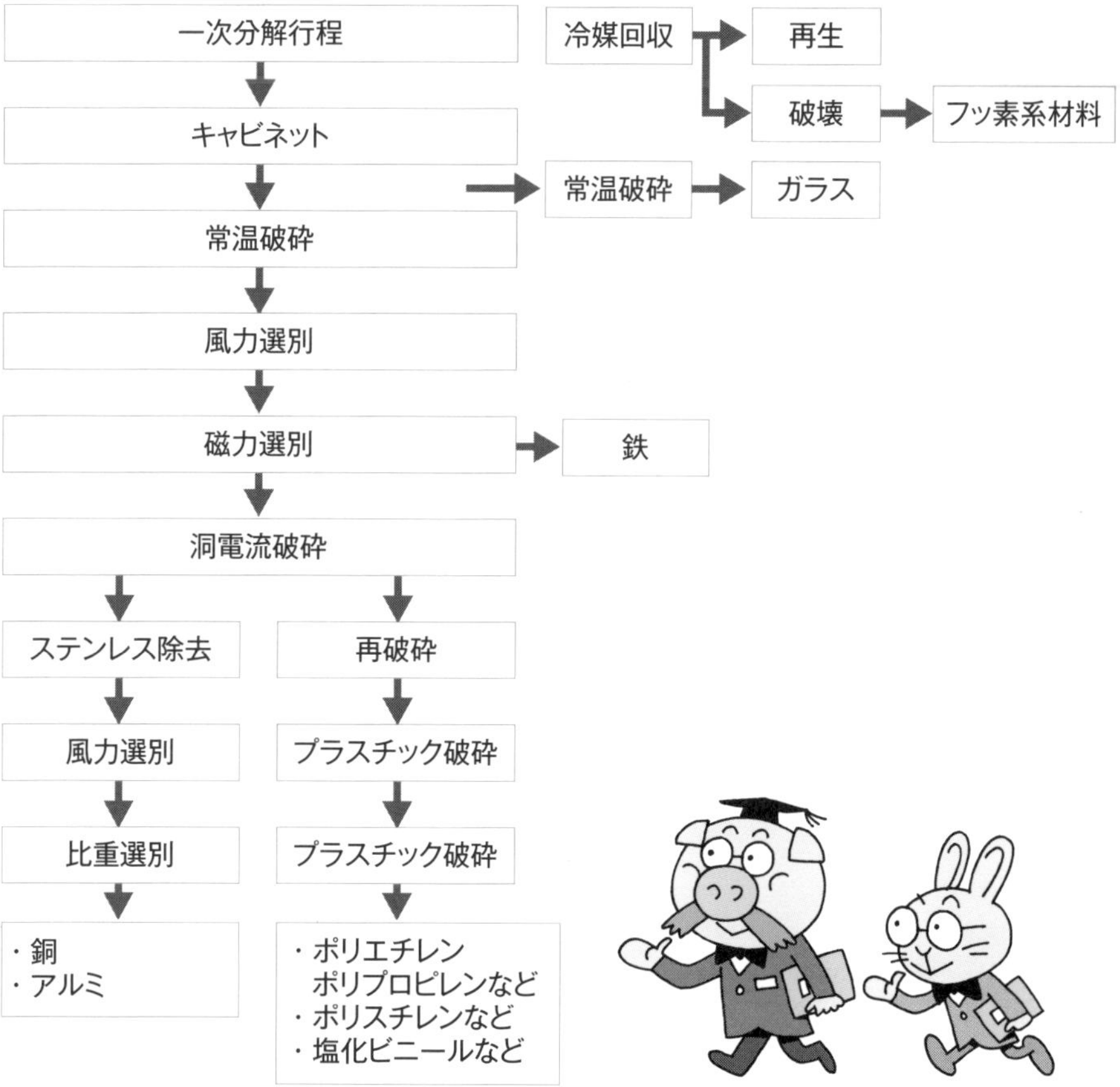

57 これからの冷凍空調機器に求められること

省資源、省エネ、環境負荷削減を求めて

冷凍空調機器は現在もその台数を増やし続けています。ではルームエアコンに対するユーザーの代表的な不満から、冷凍空調機器に求められていることを紐解いてみましょう。

①電気代が高い→省エネ

インバーターの採用、冷却ファンの高効率化、熱交換器の性能向上、コンプレッサーの改良などにより性能向上が図られています。建物の高断熱・高気密化もエネルギー節約になります。

②手入れや掃除が煩わしい→省メンテ

ルームエアコンでは室内機フィルターを自動清掃する製品(清掃ロボット)も出始めています。業務用では自己診断技術が進められています。

③部屋全体に効かない→高効率

同じ冷暖房能力でも、センシング技術や制御技術の進化により、人が快適に感じる効率の良い冷暖房風の吹き出しが可能になっています。

④室外機が大きくて邪魔→小型化

省エネ化とトレードオフの関係にありますが、機器価格や省資源化につながり、メーカー各社がしのぎを削っています。

⑤操作がわかりにくい→簡単操作

「暑い」・「寒い」のように操作を単純化したり、操作系のピクトグラムがわかりやすくなったりすることはもちろんですが、スマートフォンで運転できたり、声で運転できるようにもなり始めました。

この他、限りある資源を有効活用し、あわせて廃棄物の発生抑制(リデュース)、再利用(リユース)、再資源化(リサイクル)、適正処理への取り組みは、循環型社会を実現するために冷凍空調機器にとって重要な課題です。冷媒(フロン)を含めた使用済み製品の再資源化促進と輸送・設置に伴う廃棄物の削減などの環境負荷低減策を製品設計の段階から取り組む必要があります。

要点BOX

●社会に浸透しているエアコンはユーザーからの注文も多いが、使う人のため、地球環境のため、新しい技術に常に挑戦

ヒートポンプのトップ効率の推移

APF（通年エネルギー消費効率第5章40項），省エネ性能は向上!

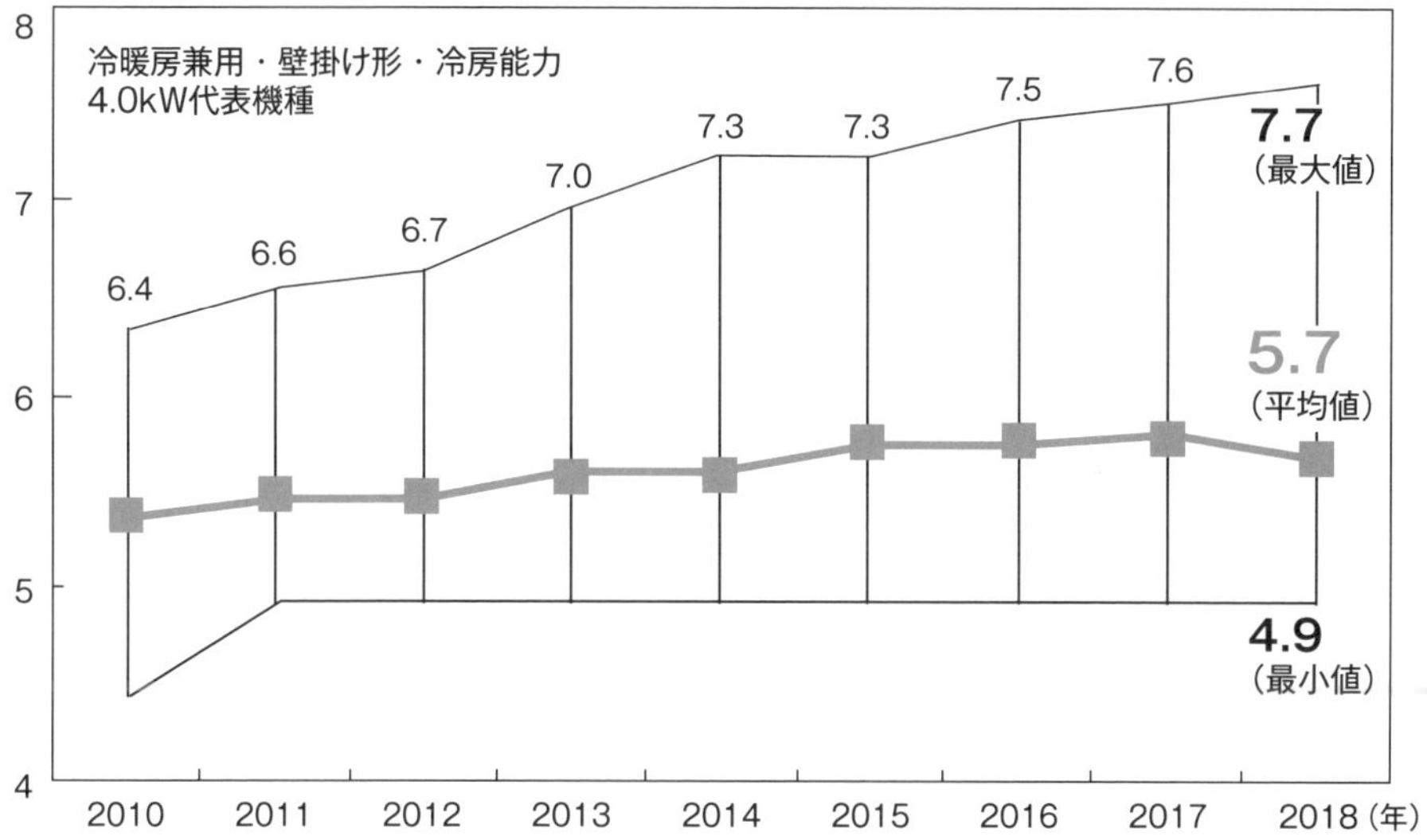

出典：経産省　資源エネルギー庁　『省エネカタログ（家庭用）2019年度版』

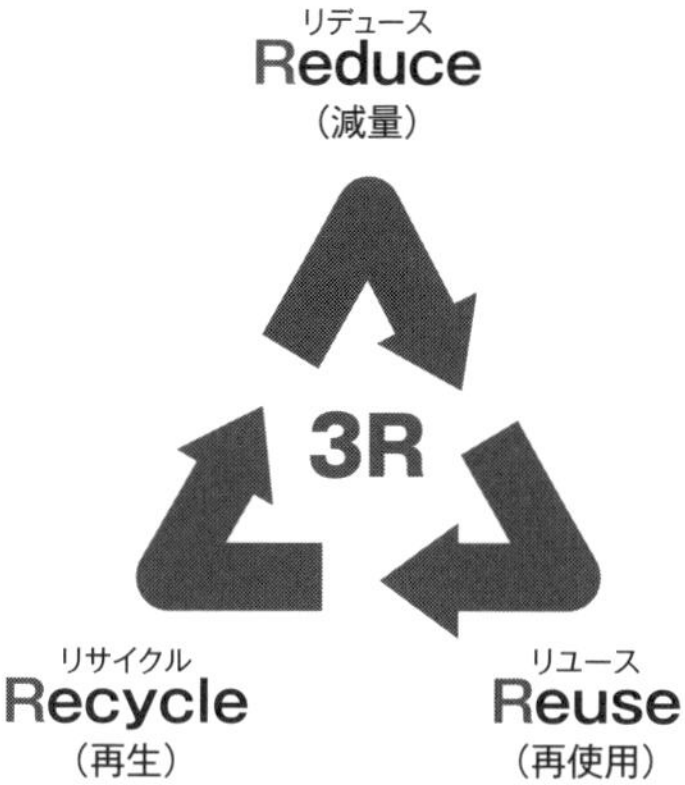

58 トップランナーは業界をリード

マラソンのペースメーカーは記録を向上させている

1979年に「エネルギーの使用の合理化に関する法律（省エネ法）」が制定され、1997年に開催された地球温暖化防止京都会議（COP3）を受け、1998年に省エネ法は大幅改正されました。この中で、とくに民生・運輸部門のエネルギー消費の増加を抑制するため、機械器具の製造段階でエネルギー消費効率を向上させることを掲げて「トップランナー基準」方式が採用されました。

省エネルギーを図る上で、自動車、家電、建築材料等のエネルギー消費効率の向上は極めて有効な手段です。これら機器のエネルギー消費効率基準の策定に「トップランナー制度」が導入されました。

トップランナー制度は、その時点で最も高い効率の値を超えることを目標としたものです。すなわち、市場に存在する最もエネルギー効率が優れた製品の値をベースとして、今後想定される技術進歩の度合いを効率改善分として加えて基準値とする方式です。

当然、目標基準値としては極めて高いものとなります。メーカーには、技術的、経済的に相当の負荷をかけることになりますが、優れた機器を開発するインセンティブに繋がるという意図があります。

この制度は、メーカーに対して課せられた義務ですので、消費者は単に機器などを買い替えるだけで省エネルギーが進行することとなります。しかし、メーカーにとって新しい技術開発を伴うこととなりますので、製品の価格は従来品よりも高価にならざるを得ません。現在、国内の状況をみると、機器の技術進歩は大きく、また消費者の機能向上に対する関心も高いことから、省エネ型製品への移行は着実に進んでいます。

対象製品は、家電品はもちろん、ガス器具、自動車、断熱材・ガラスなどの建材など多岐にわたりますが、エネルギー消費の大きなエアコンや冷蔵庫は、もちろん対象で、家庭用エアコンを例にすると、5年間で約16％の効率改善を実現しています。

要点BOX
- ●トップランナーはめざすもの、抜かすもの
- ●技術の進歩はまだまだ続いている

エネルギー効率の向上を求めて

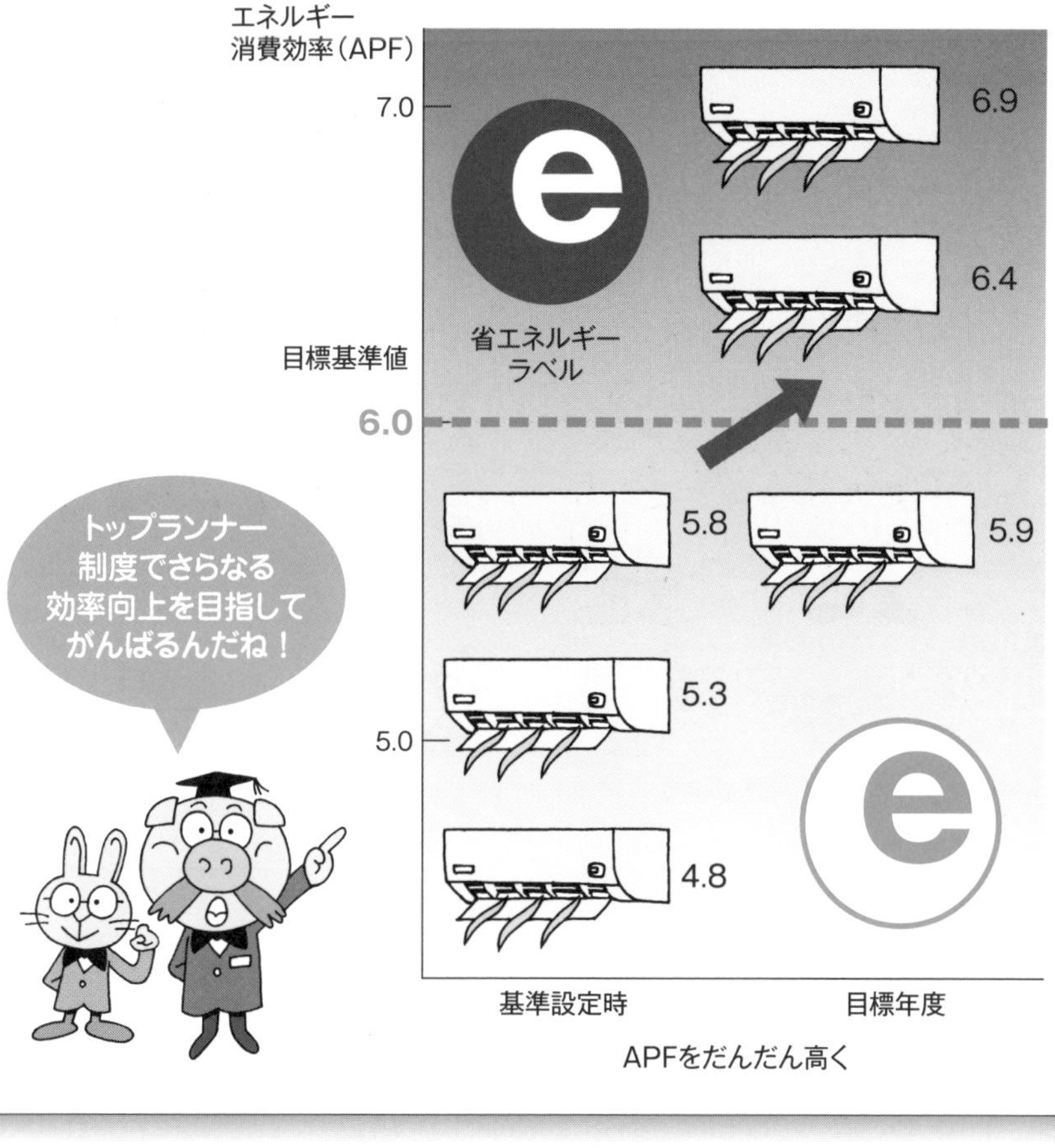

Column

エアコンの効率COPは1を超える

機械の効率は、（機械がした仕事量）と（供給エネルギー）の比で与えられ、（機械がした仕事量）より（供給エネルギー）の方が大きいので1を超えることはありません。どんなに頑張っても、供給したエネルギーの一部が、熱・音・光になってしまうからです。

供給エネルギーが熱の場合、その機械は熱機関と呼ばれ、得られた仕事に対する加えた熱の割合を熱効率と呼んでいます。

熱機関は、高温部の熱を吸収し、低温部を放出し、その差だけ外部へ仕事をします。吸収する熱量をQ2、放出する熱量をQ1とすると、その効率は$\eta = W/Q2 = (Q2-Q1)/Q2$となり、やはり1を超えることはありません。自動車のガソリンエンジンで20～30％といったところで、大部分の熱が棄てられているわけです。

このサイクルを逆回転させたのがエアコンの暖房サイクルで、運動エネルギーWが熱エネルギーQ1に変換され、その効率は逆数になり1を超えることになります。冷房の場合は少し下がって、暖房の効率から1を引いた値になります。

$$\text{熱機関} = \frac{W}{Q2} = \frac{Q2-Q1}{Q2} = 1-\frac{Q1}{Q2}$$

$$\text{エアコンの暖房サイクル} = \frac{Q1}{W} = \frac{Q1}{Q1-Q2} = \frac{1}{1-\dfrac{Q2}{Q1}}$$

第7章

冷凍空調業界を支える冷凍空調技術者

59 空調機の選定から運転まで、さまざまな仕事がある

一般的な空調工事全体の流れ

建築工事全体の中で空調工事がどの場面で行われるか、左上図のフローを参照してください。

新築工事の場合、基礎工事、躯体工事および外壁工事の後の内装工事中に、空調設備の据付、配管および電気配線工事を行うことが多くあります。

既設工事の場合、新築工事に比べて建築工事の工程は短くなりますが、既設の電気設備、機器の配置、配管・配線などの確認すべき事項があります。

空調関連業務は8種類に分類できます。

①負荷計算・機種選定

空調に関する業務は、まず空調方式と空調機器の決定です。必要な能力の計算（負荷計算）をし、負荷計算の結果から空調機器の容量を決めます。次に空調方式（個別熱源方式／セントラル空調方式など）を決定し、機器を選定します。

②工事工程表作成

具体的な工事に入る前に、工事計画を立てます。

③搬入据付工事

室外機、室内機、その他の空調機器を所定の場所に据付けます。

④冷媒・ドレン水・冷温水 配管工事

室外機と室内機の機器間の冷媒配管工事、セントラル空調方式の場合、冷温水配管工事を行います。

⑤電気配線工事

室内機や室外機へ電源を供給する電源工事と室内機と室外機との連絡配線工事があります。

⑥仕上工事

配管の断熱や保護をする工事を行います。

⑦試運転

試運転にて、各機器が正常に動作し所定の能力を発揮していることを確認します。

⑧メンテナンス

機器の性能の維持のため必要なメンテナンスを実施します。

要点BOX

- ●空調機器にはさまざまな種類の工事がある
- ●工事の品質が機器の性能に大きな影響を与える

新築工事の概要

基礎工事（建物の基盤工事）→ 躯体工事（建物の骨組み作り）→ 外壁工事（建物の外壁作り）→ 内装工事（内装の天井・壁作り）→ 外部仕上工事（塗装・防水工事）

主な空調工事は
内装工事の前後に集中

空調工事の概要

負荷計算・機種選定 → 工事工程表作成 → 搬入据付工事 → 冷媒・ドレン水配管工事 → 電気配線工事 → 仕上工事 → 試運転 → （引渡し）→（メンテナンス）

ルームエアコンの据付工事の例

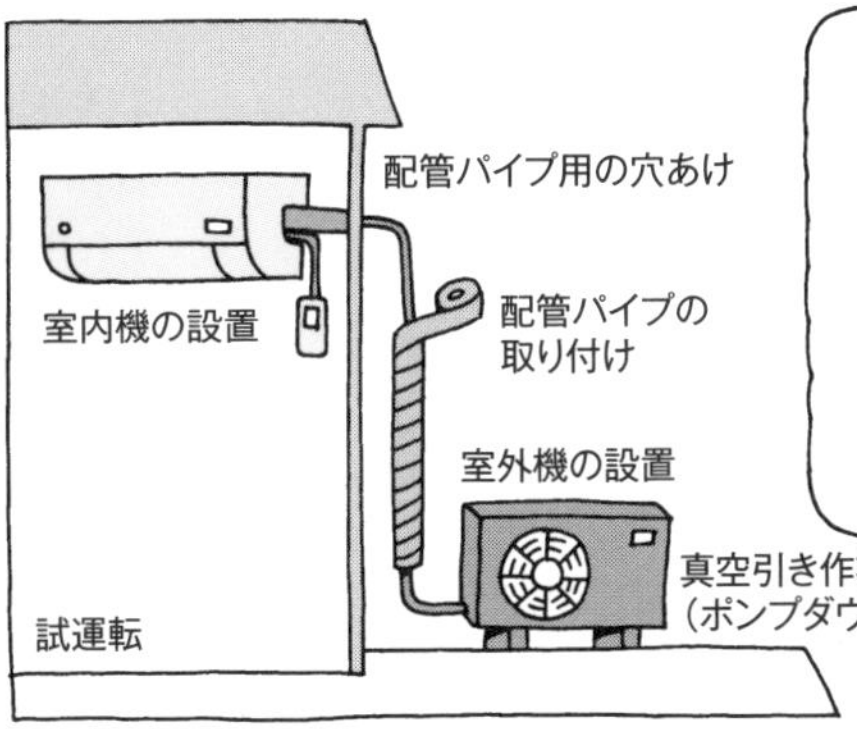

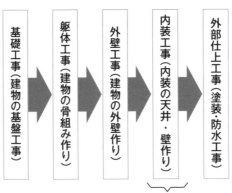

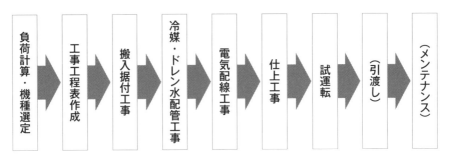

60 安全面や地球環境保全に必要な業務は有資格者が行う

電気配線工事や冷媒を取り扱う公的資格

各種の空調機器の中で、家庭用除湿機を除いて、何らかの工事無くしては空調機器はその機能を発揮することができません。ルームエアコンにおいても室外機と室内機の据え付け工事やその間の冷媒配管、ドレン水配管の工事および必要に応じてコンセントの追加等の電気工事が必要になります。

事務所・店舗などの業務用エアコンの据付工事は、室外機・室内機とも大形になるので、機器の搬入・据付工事は専門の知識と技能が必要になります。また冷媒配管工事は、冷媒を漏らさない確実な施工が求められます。

さらに大規模なビルや地域冷暖房に関わる空調設備の据付工事や冷温水配管工事は、建築工事や電気工事といった他の工事との連携が必要になり、ビルの建築工事全体の工事内容の理解と進捗状況の把握が不可欠になります。

主な空調設備に関わる工事を左表に示します。

・搬入据付工事
・冷媒配管、ドレン水配管、冷温水配管工事
・電気配線工事　・仕上工事

これらの工事の中で、公的資格を必要とする可能性のある工事は、電気配線工事と冷媒を取り扱う作業です。

電気配線工事には、室内機や室外機へ電源を供給する電源工事と室内機と室外機との連絡配線工事があります。大容量の機器では、高圧の電気を取り扱うこともあり工事の内容により必要な資格の種類を確認し、その資格の保持者が作業を実施しなければなりません。

冷媒は、地球環境に影響を与える物質です。みだりに大気に放出してはならない、と法で定められています。一定の要件の下、冷媒の回収・充てん作業には資格が必要です。また、その記録および報告が求められています。

要点BOX
●空調設備は専用工事なくして機能の発揮はない
●電気工事、冷媒の取り扱い工事に関して法で規制された工事は有資格者が実施する

主な空調設備に関わる工事

工事の種類	主な仕事の内容,留意事項　など
搬入据付工事	・機器のサービススペースや配管長などを考慮し、据付位置を決める ・搬入ルートは事前に建築と相談し障害物などが無いことを確認 ・重量物の運搬、高所作業など安全上の注意事項を順守した作業の実施
冷媒配管 ドレン水配管 冷温水配管 工事	・冷媒配管工事の3原則（清浄、乾燥、気密）を徹底して作業の実施 ・配管、断熱材などの部材でメーカー推奨品がある場合はそれを使用 ・配管経路は設計図に基づき経路を決定 ・配管接続（ろう付・フレア接続など）は必要な技能保持者が実施 ・冷媒配管工事施工後、気密・真空試験を行い漏れが無い事を確認
電気配線工事	・電気工事には資格（電気工事士）が必要な工事がある ・電気工事に関する「電気設備技術基準」、「内線規程」を理解しておく ・電気設備として漏電遮断器やアース工事は上記基準に沿って実施
仕上げ工事	・冷媒配管の断熱は、液管とガス管を分けて行う ・断熱材料はメーカーの据付説明書に記載のものを使用する ・断熱材の劣化を防ぐため保護工事（化粧ダクト、ラッキングなど）を行う

電気配線工事の作業者の資格

エアコンの取付・取外し工事には、資格が必要な作業がある

第1種・第2種とも電気工事士になるためには、筆記試験と技能試験に合格する必要がある

冷媒を取り扱う作業者の資格

冷媒を充てん・回収する業者は、資格が必要!!

61 冷凍空調設備は、メンテナンスで機器の寿命が左右される

性能の維持、機器寿命を左右

冷凍空調設備のほとんどは日常的なメンテナンスや定期的な保守作業を実施することを推奨しています。この作業により、機器の性能を長期間維持し、機器の更新までの期間を長くすることができます。また突発的な故障や経年劣化に伴う部品の故障による2次的被害を最小限にとどめることができます。

たとえば、家庭用のルームエアコンでは、お掃除機能が付いた機種が多くなりましたが、この掃除が、メンテナンスの基本になります。空気中のゴミや浮遊物あるいは化学物質（てんぷら油、化粧用スプレーを含む）などが、エアコンの中に入ると、熱交換器や電装品に、ひいてはエアコン自体に悪影響を与え、運転不能に陥る危険性があります。

業務用エアコンや大型の空調設備では、専門の知識と作業ができる能力を持ったメンテナンス会社に委託する事例が多くあります。日常の運転管理を含めて専門のメンテナンス会社に、空調設備だけでなく、電気設備、衛生設備などと一緒に委託するケースもあります。これにIoT技術を応用することもあります。

日常的なメンテナンスや予防保全処置を的確に行うことにより、突発的な故障を未然に防ぐことができます。あらゆる製品や部品には寿命があります。製品・部品の故障の一般的な発生確率を表したものとして、「バスタブ曲線」と呼ばれるものを左図に示します。使用を開始した当初の「初期故障期」を過ぎると、「摩耗故障期」を迎えるまで安定した運転ができます。寿命がくるまで使い切るという考え方もありますが、重要な設備の場合は、摩耗故障期前に必要な部品の交換やオーバーホール作業を行います。自動車の「車検」がそれに該当します。

一度突発故障が発生すると、復旧までの期間設備を停止せざるを得ません。その代償ははかりしれない場合があります。予防保全の実施によって、それを未然に回避することができます。

要点BOX

- 適正なメンテナンスにより、機器の性能確保と機器寿命を延ばし、予防保全の実施が突発故障による損害を未然に防ぐ

エアコンのフィルター清掃

室外機のフィンの清掃

バスタブ曲線

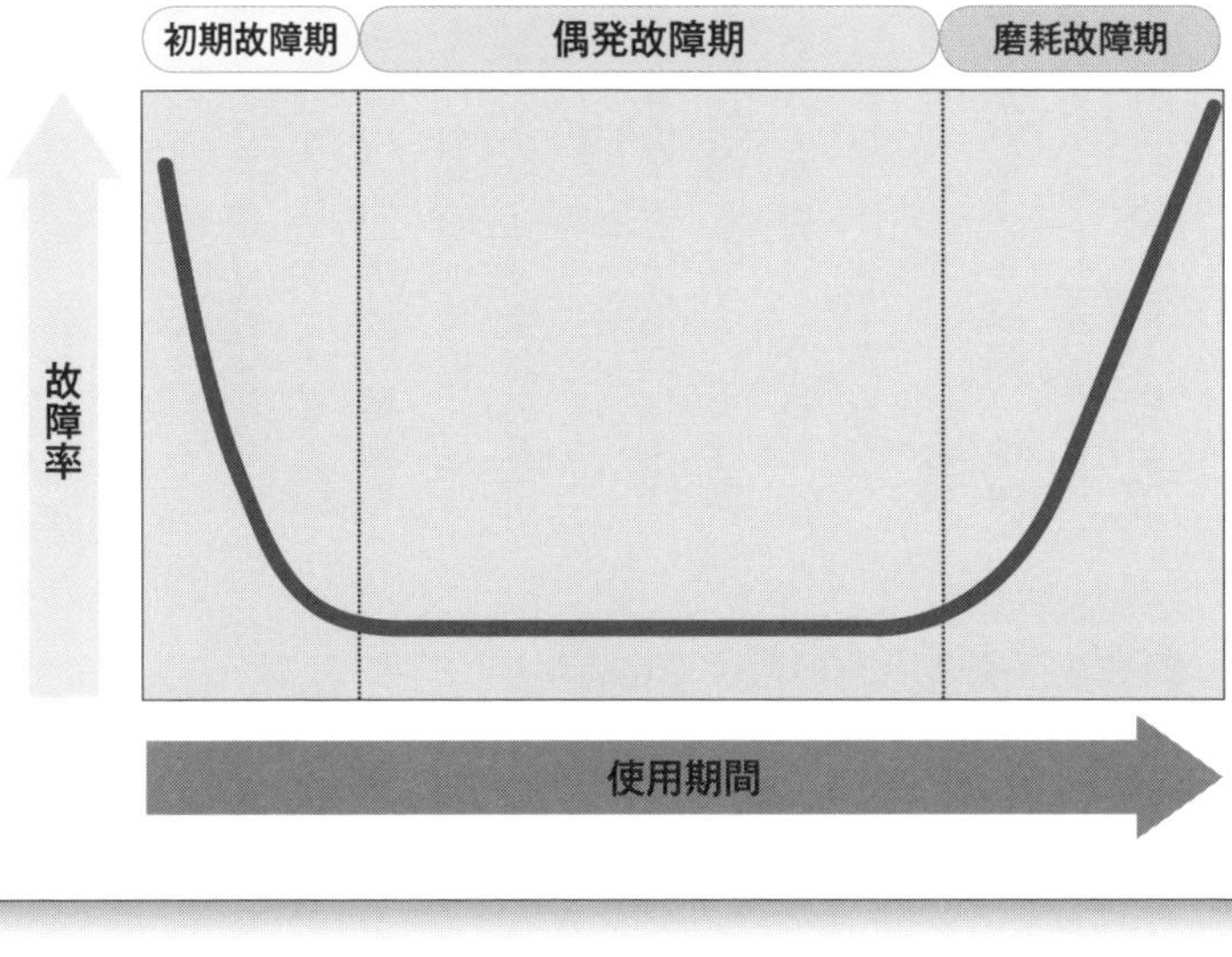

62 冷凍空調技術者になるには

社会への貢献、地球環境への貢献を実感

冷凍空調技術は、私たちの住空間を快適にするということだけではなく、食品の保存、医療機器、社会インフラシステム、理化学機器、レジャー施設など、いろいろな技術分野を下支えしています。また、運転には大量のエネルギーを消費するという宿命があるので、環境問題にも密接に関連しています。それだけに、非常にやりがいのある仕事ともいえます。冷凍空調技術者として入門するのに、学歴や特別なスキル・知識、資格は必要ありません。仕事に誇りをもって継続できるかどうかがポイントです。もちろんその後に優れた技術者になるには、一生懸命勉強して、スキル・知識を磨き、必要な資格を取得することはどの世界でも同じです。

ひとことで冷凍空調技術といっても、いくつかの業種があります。①熱源機器、周辺機器、制御機器、その他材料に関するメーカー、②その商材を売る販売会社、③冷凍空調システムを設計し施工する工事会社、④完成した冷凍空調システムの運転管理やメンテナンスをする保守管理会社などです。完全に業種として分かれているわけではなく、複数の事業を展開している会社もあります。仕事は①→②→③→④とよどみなくつながっていますので冷凍空調の基本技術は共通です。

左表は、中小規模程度の③工事会社あるいは④保守管理会社における冷凍空調技術者のキャリア形成のステッププラン例です。新人・見習は、上長、先輩の指示に従って、見よう見まねで作業するときで、乾いたスポンジのように何でも吸収します。初級技能者は、自信をもって一人作業ができる段階、中級技能者は、作業チームを取りまとめられるリーダー、上級技能者は、技術だけでなく、経営的な観点でも考えられるマネージャー、といったイメージです。

図を見ながら、自分の成長する姿を思い描いてみてください。

要点BOX
●冷凍空調は冷暖房だけではない
●冷凍空調技術者は社会への貢献、地球環境へ貢献

冷凍空調技術者の成長過程

経験年数	責任・権限	必要な能力	技能レベル	実務レベル
10年以上 上級 技能者	部長	管理職として 意思決定や問題解決能力、 人事考課能力 ・作業における改善提案 ・業種間との調整・交渉 ・全般的な統制	施工提案ができ、計画が立てられる 施工図のチェックと改善提案ができる 品質のチェックと管理ができる 労務管理と資材管理ができる 工程の打合せと調整管理ができる 建築及び他業種の進捗が読める 安全の確保ができ管理・指導ができる 安全作業手順書の作成ができる 現場の指揮と統率ができる	数グループを使っての作業 （15人前後の作業） 現場全般における施工図の実践配管 自主検査パトロールの実施 社内における現場管理会議の参加 建築職長会の実施 安全作業手順書の作成
5~10年 中級 技能者	グループ長 課長	リーダー養成能力、 問題把握能力 ・品質チェック、管理 ・仕事量、人工の管理 ・業者間との調整、交渉 ・グループの統制	工法提案ができる 系統図が読め、システムの理解ができる 建築図が読め、仕上がりを把握できる 加工図・アイソメ図の作図ができる 品質・でき栄えの判断がつけられる 材料のひろいと発注･管理ができる 作業人工の算出ができる 生産性を生み出せる 工事の進捗が分かり打合せができる 全般的な作業の段取りができる 作業指示と部下の配置ができる 他業種との取合い・調整ができる 安全対策を講じられる TBM･KYKのリーダーを務められる	グループを使っての作業 （6~7人程度の作業） 部位別･エリア別施工図の実践配管 材料･加工材の手配・段取り 概ねのガス･アーク溶接作業（本溶接） 試運転調整 排水桝の設置・インバート加工 TBM･KYK他書式の作成とその指導 現場打合せの参加 設備職長会の参加
2~5年 初級 技能者	主任 班長	担当業務の精通と応用能力 ・作業進捗の把握 ・業者間との調整、交渉 ・グループ長補佐業務	一般的な冷媒配管知識がある 機器と器具の名称と用途がわかる 工法や作業手順が理解できる 基本となる配管作業ができる 工具全般の使用ができ段取りができる 施工図が読める 自主的に安全作業ができる 現地作業における危険予知ができる	手元を使っての作業 （2~3人程度の作業） 任された場所の配管寸法取りと取付作業 墨出し作業 概ねのフレア加工・曲げ加工 簡単なガス・アーク溶接作業 ハンダ付・ろう付作業 テストの段取り・立会い 簡単な空調・冷凍機器の取付 安全機材の段取り
入社~2年 新人･見習		一般知識、 冷凍空調設備基礎知識 ・工具類の知識、 使用方法習得 ・冷凍空調設備の 基礎知識習得 ・作業手順習得 ・現場のルール	工具の名称と使用方法がわかる 主な材料の名称と使用用途がわかる 簡単な加工や作業補佐ができる 指示通りに作業ができる 安全作業の基本動作ができる 現場のルールが理解でき遵守できる	補助・手元作業 スリーブ・インサートの取付 簡単なフレア加工・鋼管の曲げ加工 サビ止め塗装 資材の受入と場内運搬 簡単な空調・冷凍機器の取付の補助

63 免許を取ってプロになろう

冷凍空調技術者の代表的な資格と難易度

資格を取得すると次のように仕事の幅が広がります。冷凍空調関連のおもな資格と、その資格によりできることを以下に示します。

①冷凍機械責任者(国家資格)

大型の冷凍空調装置では、運転・操作・保安に関する責任者を選任して都道府県知事へ届け出る必要があり、その責任者になるために必要な資格です。装置の規模により第一種、第二種、第三種の区分があります。

②冷凍空調技士(民間資格)

冷凍・空調設備の設計、製作、施工に従事する方が最新の技術動向を継続的に学ぶことで機器・設備の不備による損失や事故の発生を防止することを目的に、日本冷凍空調学会が認定する資格です。難易度により第一種、第二種の区分があります。

③冷媒フロン類取扱技術者(民間資格)

フロン排出抑制法が施行されたことに伴い、業務用冷凍空調機器への冷媒の充てんから整備、定期点検技術、漏えい予防保全、機器廃棄時の冷媒回収技術のすべてにわたって十分な知識を持った技術者を登録認証するために創設された資格です。扱える装置の規模により第一種、第二種の区分があります。

④冷凍空気調和器機施工技能士(国家資格)

冷凍空調機器の据付けおよび整備に必要な技能・知識を認定するもので、各都道府県の職業能力開発協会が実施します。1、2、3級の3つの等級があり、それぞれ上級技能者、中級技能者、初級技能者が通常有すべき技能の程度と位置づけられています。

⑤管工事施工管理技士(国家資格)

建設業のうち冷暖房設備工事、空調設備工事、給排水・給湯設備工事などの管工事において、施工計画を作成し、工程管理、品質管理、安全管理等の業務を行います。難易度の高い資格で、1級、2級の区分があります。

要点BOX

●冷凍空調技術者の代表的な資格
●資格取得でキャリアアップ

冷凍空調技術者の資格

資格名称	冷凍機械責任者			冷凍空調技士	
区分	第一種	第二種	第三種	第一種	第二種
資格の価値	大臣試験	知事試験		キャリアアップ （名称独占資格）	
	冷凍保安責任者になることができる				
	全ての製造施設	1日の冷凍能力300トン未満の製造施設	1日の冷凍能力100トン未満の製造施設		
受験資格	なし			学歴と実務経験	なし
試験時期	11月			2月	
試験地	全国主要10都市	各都道府県		東京・大阪・名古屋・福岡	
出題形式	学科：法令、保安管理、学識			学科：冷凍空調の理論、技術	
実施機関	高圧ガス保安協会			日本冷凍空調学会	

資格名称	冷媒フロン類取扱技術者		冷凍空気調和機器施工技能士		
区分	第一種	第二種	1級	2級	3級
資格の価値	冷凍空調機器の点検、冷媒フロンの回収・充填ができる		キャリアアップ （名称独占資格）		
	全ての機器	空調／冷凍：電動機25kW以下			
受験資格	取得資格と実務経験		学歴と実務経験		なし
試験時期	7回／月程度	10回／月程度	実技：6月上旬~9月上旬・12月上旬~2月中旬 学科：7月上旬~9月上旬・1月上旬~2月上旬		
試験地	各都道府県またはメーカー研修施設		各都道府県		
出題形式	学科：冷凍空調に関する知識など		実技：冷凍空調調和機器施工作業 学科：冷凍空気調和一般など		
実施機関	日本冷凍空調設備工業連合会 日本冷媒・環境保全機構		中央職業能力開発協会		

資格名称	管工事施工管理技士	
区分	1級	2級
資格の価値	特定建設業の営業所専任技術者や工事現場における主任技術者および監理技術者になることができる	一般建設業の営業所専任技術者や工事現場における主任技術者になることができる
受験資格	学歴と実務経験による	
試験時期	学科：9月　実施：12月	学科：6月　実施：11月
試験地	全国主要10都市	
出題形式	学科：機械工学等・施工管理法･法規	
	実施：施工管理法	
実施機関	全国建設研修センター	

64 そのほかこんな資格も

仕事の幅を広げるには、こんな資格も

仕事の幅がひろがると、冷凍空調以外の設備機器を取り扱うこともあります。難易度は若干上がりますが、キャリアアップとして取得したい資格があります。

① エネルギー管理士

エネルギー管理指定工場において、油や電気などのエネルギー利用の合理化や設備の維持、使用方法の改善等の業務管理を行います。エネルギーを使用する設備やそれぞれの専門分野の技術についての知識が求められます。

② 電気主任技術者

電気設備・電気工作物における維持・管理・運用に関する保安監督者です。一種は電力会社、二種は大規模な需要設備がある事業所、三種は一般事業所などです。

③ 危険物取扱者　甲種、乙種第1～6類、丙種

危険物の取り扱い、またはその取り扱いに立ち会うために必要な資格であり、取り扱える危険物の種類および権限の違いで3種類に分類されます。資格を取得すれば危険物を扱う各種化学工場やガソリンスタンドなど多業種での活躍が期待できます。

④ 消防設備士　甲種第1～5類、特類　乙種第1～7類

建物に設置されている消火器やスプリンクラーといった消防用設備などを点検・整備・工事することができる国家資格です。ビル管理・メンテナンス業界の企業ではとくに活躍が期待できます。

⑤ 電気工事士

住宅や店舗、工場などの電気工事に従事する技術者です。第一種、第二種があり、一種は最大500kW未満の需要設備の電気工事作業まで行うことができ、中小規模のビルや工場の屋内配線・受電設備配線などを含む、ほとんどの電気工事に従事することが可能です。二種は一般用電気工作物の電気工事に従事します。

要点BOX

●仕事の幅が拡げるといろいろな資格が
●全ては安全のため工事品質のため

労働安全衛生法に基づく資格一覧

このほか、安全に作業するうえで必要な資格もあります。仕事の幅が増えるに従い、取得していかなければならない。

労働安全衛生法の「政令で定める業務については、事業者は免許を受けた者又は技能講習を修了した者を当該業務に就かせること,及び事業者が省令で定める危険又は有害な業務に労働者を就かせるときは、事業者は省令で定めるところにより、特別の教育を行わなければならないこと」とされている

	免許
1.	ガス溶接作業主任者
2.	特級ボイラー技士（ボイラー取扱作業主任者）
3.	1級ボイラー技士（ボイラー取扱作業主任者）
4.	2級ボイラー技士（ボイラー取扱作業主任者）
5.	エックス線作業主任者
6.	特別ボイラー溶接士
7.	普通ボイラー溶接士
8.	ボイラー整備士
9.	つり上げ荷重が5t以上のクレーン運転士
10.	つり上げ荷重が5t以上の移動式クレーン運転士

	技能講習
1.	木材加工用機械作業主任者
2.	乾燥設備作業主任者
3.	コンクリート破砕器作業主任者
4.	地山の掘削及び土止め支保工作業主任者
5.	型枠支保工の組立て等作業主任者
6.	足場の組立て等作業主任者
7.	建築物等の鉄骨の組立て等作業主任者
8.	コンクリート造の工作物の解体等作業主任者
9.	はい作業主任者
10.	木造建築物の組立て等作業主任者
11.	化学設備関係第1種圧力容器取扱作業主任者
12.	普通第1種圧力容器取扱作業主任者
13.	特定化学物質及び四アルキル鉛等作業主任者
14.	有機溶剤作業主任者
15.	石綿作業主任者
16.	酸素欠乏危険作業主任者
17.	酸素欠乏・硫化水素危険作業主任者
18.	つり上げ荷重が5t以上の床上操作式クレーン運転
19.	つり上げ荷重が1t以上、5t未満の小型移動式クレーン運転
20.	ガス溶接
21.	最大荷重が1t以上のフォークリフト運転
22.	最大荷重が1t以上のショベルローダー等運転
23.	機体重量が3t以上の車両系建設機械（整地・運搬・積み込み用及び掘削用）運転
24.	機体重量が3t以上の車両系建設機械（解体用）運転
25.	機体重量が3t以上の車両系建設機械（基礎工事用）運転
26.	最大積載量が1t以上の不整地運搬車運転
27.	作業床の高さが10m以上の高所作業車運転
28.	つり上げ荷重が1t以上のクレーン若しくは移動式クレーンの玉掛け
29.	小型ボイラーを除くボイラー取扱い（ボイラー取扱作業主任者）

	特別教育
1.	研削といしの取替え又は取替え時の試運転
2.	アーク溶接機による溶接、溶断等
3.	高圧、特別高圧及び低圧電気の取扱い
4.	最大荷重が1t未満のフォークリフト、ショベルローダー又はフォークローダーの運転
5.	最大積載量が1t未満の不整地運搬車の運転
6.	機体重量が3t未満の車両系建設機械（整地・運搬・積込み用及び掘削用）の運転
7.	機体重量が3t未満の車両系建設機械（解体用）の運転
8.	機体重量が3t未満の車両系建設機械（基礎工事用）の運転
9.	自走できない車両系建設機械（基礎工事用）の運転
10.	車両系建設機械（基礎工事用）の作業装置の操作
11.	ローラー及びこれに類する締固め用機械の運転
12.	コンクリートポンプ車及びこれに類するコンクリート打設用機械の作業装置の操作
13.	ボーリングマシンの運転
14.	ジャッキ式つり上げ機械の調整又は運転
15.	作業床の高さが10m未満の高所作業車の運転
16.	動力による巻上げ機の運転
17.	小型ボイラーの取扱い
18.	つり上げ荷重が5t未満のクレーンの運転
19.	つり上げ荷重が1t未満の移動式クレーンの運転
20.	建設用リフトの運転
21.	つり上げ荷重が1t未満のクレーン若しくは移動式クレーンの玉掛け
22.	ゴンドラの操作
23.	酸素欠乏危険場所における作業に係る業務
24.	特殊化学設備の取扱い、整備及び修理
25.	エックス線装置又はガンマ線照射装置を用いて行う透過写真の撮影
26.	特定粉じん作業に係る業務
27.	廃棄物焼却施設の解体等
28.	石綿の取扱いに係る業務

65 業界団体は、国民生活の維持向上と業界の発展のために活動している

冷凍空調業界での業界団体の役割

日本では、冷凍空調機器の製造販売の事業を営む法人および個人ならびにこれらの者を主たる構成員とする団体として、（一社）日本冷凍空調工業会が組織されています。この工業会は、冷凍空調機器の生産、流通、貿易および消費の増進に関する施策、そのほかの諸施策の充実を図ることにより、冷凍空調機器産業およびその関連産業の健全な発展を図るとともにわが国産業の発展に資し、もって国民生活の向上に貢献することを目的として活動しています。近年、冷凍空調業界がかかえる問題に関しても構成団体（企業）が積極的に活動を展開し、行政からの要請やまた行政への提言などを通じて、業界の発展ならびに国民生活の向上へ大きな役割を果たしています。

冷凍・空気調和・衛生などの設備工事に関わる企業の全国団体として、（一社）日本冷凍空調設備工業連合会、（一社）日本空調衛生工事業協会などが組織されています。

両団体とも冷凍空調設備や空調衛生設備に関連して、技術の向上および普及啓発、専門技術者の養成および資質の向上、環境対策、行政機関への協力・提言、関係機関などとの連絡協調などに取り組んでいます。

（一社）日本冷蔵倉庫協会は、冷蔵倉庫業者の中央団体で、冷蔵倉庫の適正な運営を確保するため、冷蔵倉庫の機能維持・向上、経営基盤の安定・レベルアップを支援することなどにより、冷蔵倉庫における事業の高度化を図り、国民への食料・食品の安定供給への貢献を目指しています。

冷凍空調機器の製造販売およびそれらの設備工事に関わる企業、そして冷凍機器を使用する企業が一緒になって、国内外での冷凍空調関連事業の発展と社会生活の向上、地球環境の保全のために協同で取り組みを行っています。また行政への協力や提言を通じて、国民生活の向上にも貢献しています。

要点BOX

- ●機器メーカー、設備工事会社および冷蔵倉庫の業界団体がある、共に冷凍空調関連業界の発展と国民生活の向上に向けた取り組みを実施

冷凍空調業界での業界団体の役割

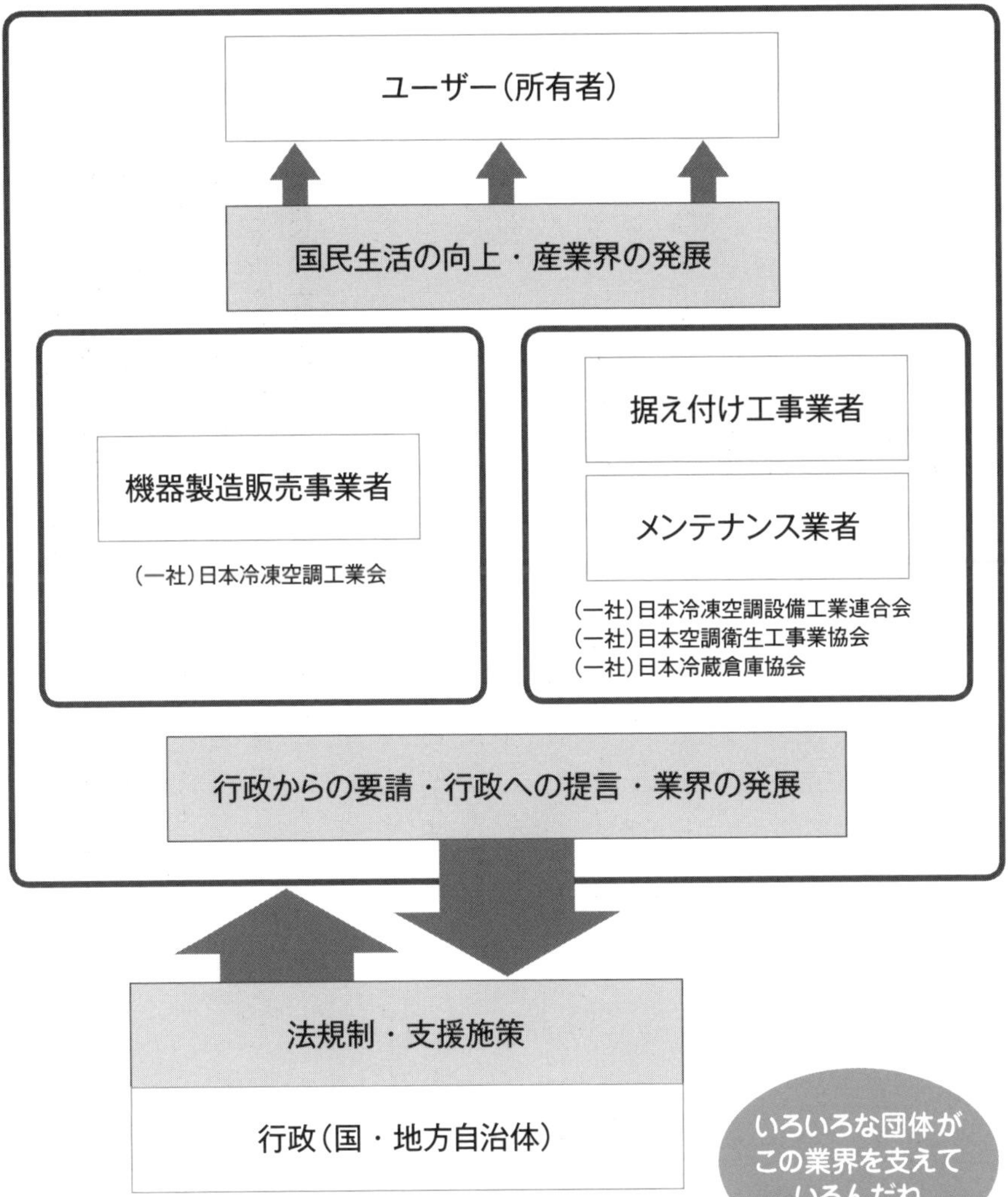

Column

日本の食の安全を守るHACCP

HACCPとは、1960年代に米国で宇宙食の安全性を確保するために開発された食品の衛生管理の方式です。Hazard Analysis Analysis Critical Control Pointの頭文字からとったもので「危害分析重要管理点」と訳されています。

食べ物の安全性を確保するには、その工程・加工・流通・消費というすべての段階で衛生的に取り扱うことが必要です。HACCPシステムは、原材料の受入から最終製品までの各工程ごとに、微生物による汚染、金属の混入などの危害を予測した上で、危害の防止につながるとくに重要な工程を継続的に監視・記録する工程管理の手法です。

勘や経験に頼る部分が多かった従来の衛生管理の方法とは異なり、あらゆる角度から食品の安全性について危害等を予測し、それぞれの製造工程ごとに、危害原因物質とその発生要因、危害の頻度や発生したときの影響力の大きさ等を考慮しています。

このシステムを採用することで、工程全般を通じて問題が発生しそうになった段階から適切な対策を講ずることで、食中毒（微生物、化学物質を含む）や異物などによる危害を未然に防止し、製品の安全確保を図ります。

Column

冷凍食品、いま・むかし

日本で最初の冷凍食品は昭和6年の冷凍いちごにまで遡りますが、拡大の契機になったのが前回の東京オリンピック選手村での利用です。大会期間中に一気に集中する食材の調達をどうするかが大問題でした。そこで考えられたのが食材を冷凍保存しておく方法でした。調理済みあるいは下ごしらえ済みなので、調理の省力化に役立ち、外食産業を中心に急速に市場が拡大しました。やがて、家庭用冷蔵庫や電子レンジの普及が進むと、一般消費者向け冷凍食品も登場し、昭和59年頃、ピラフ、グラタンなど軽食の商品を皮切りに、うどん、コロッケ、調理済みのおかず類とそのバリエーションは広がっています。今では専用容器に盛り付け済みで、電子レンジで加熱すれば一食分のメニューが完成する弁当タイプのものもあります。現在、冷凍食品の国内生産量は150万トンを超えています。

冷凍食品の保管温度はマイナス18℃以下とされています。家庭用冷凍冷蔵庫、電子レンジの普及と高機能化、核家族化などを背景に、今後も冷凍食品は私たちの食生活を支える重要な地位を保ち続けるでしょう。冷凍食品は、調理の時短はもちろんですが、少人数の食事あるいは個食でも必要な分だけ取り分けられので、無駄なくお手頃価格で手に入れることができます。また調理済み商品には、減塩、低カロリー、高級店の味など、多様化も進んでおり、魅力は増すばかりです。

Column

急速冷凍でフードロス削減

食べられるのに捨てられてしまう食品が発生することは、貴重な食料資源が無駄になるだけでなく、製造から廃棄までに費やされたエネルギーも無駄になります。世界中から食料を輸入する一方で、大量のフードロスが発生している実態を一人ひとりが認識し、具体的な削減行動につなげていくことが必要で、食品の消費側・提供側の両方の取り組みが大切です。

フードロスとは、本来は食べることができたはずの食品が廃棄されることです。製造過程で発生する規格外品、食材の余りや調理くず、加工食品の売れ残り、家庭や飲食店で発生する食べ残し、期限切れの食品など、その原因は多様で、生産、加工、小売、消費の各段階で発生します。

生活が豊かになり過ぎた結果、私たち消費側の家庭では、①食品の買いすぎ ②調理のしすぎあるいは失敗 ③食べ残し ④食材や調理済み食品の不適切な保管による劣化、腐敗、などが起こっています。外食の機会においても、食堂・レストランではともかく、宿泊施設、結婚披露宴、一般の宴会などでは相当量の食べ残しを経験しているでしょう。

もったいないという感覚的な問題ではなく、食品製造や流通に使用された資源・エネルギーの無駄という地球環境問題であり、廃棄物は有機物とはいえ自然環境に負荷を与えますし、さらには、無駄となってしまった費用が販売価格に転嫁されると家計の問題でもあります。

食品における冷凍技術は、蓄熱や蓄電と同じようなものです。長期間、大量に食品を保存することにより、需要と供給の関係を切り離し、それらの関係を平準化することができます。冷凍食品のコラムにもありますが、必要なときに必要な量だけ取り分けられるので、冷凍食品は、フードロスの解決策の一つです。

【参考文献】（順不同）

●一般社団法人 日本冷凍空調工業会：ウェブサイト、『世界のエアコン需要推定』
●一般財団法人 ヒートポンプ・蓄熱センター：ウェブサイト
●一般財団法人 省エネルギーセンター：ウェブサイト
●一般社団法人 日本冷蔵倉庫協会：ウェブサイト
●一般社団法人 日本物流システム機器協会：
資料『食品物流（CSS：コールドチェーン）に係わる物流センター計画について』
●一般社団法人 日本冷凍食品協会：ウェブサイト
●一般財団法人 日本原子力文化財団：『原子力・エネルギー図面集』
●経済産業省 資源エネルギー庁：
『エネルギーに関する年次報告』エネルギー白書2017、2019
『省エネ性能カタログ（家庭用）2019年版』
●厚生労働省：『大量調理施設衛生管理マニュアル』
●日本冷凍空調学会：『新版 食品冷凍技術』、2009年
●日本冷凍空調学会：『冷凍空調便覧』第6版第1巻、2013年
●日本冷凍空調学会：『初級標準テキスト 冷凍空調技術』第4次改訂版、2012年
●日本冷凍空調学会：『上級冷凍受験テキスト』第8次改訂版、2015年
●日本冷凍空調学会：『初級冷凍受験テキスト』第8次改訂版、2019年
●日本冷凍空調学会：『冷媒圧縮機』、2014年

タナ

ハマ

ヤラ

索引

英数

ア

カ

サ

公益社団法人日本冷凍空調学会について

Japan Society of Refrigerating and Air Conditioning Engineers

日本冷凍空調学会は、大正14年に日本冷凍協会として冷凍·冷蔵に関連する学術技術の発展と普及とを目的として設立。わが国の冷凍分野における唯一の公益法人として100年近い歴史を歩んでいる。

教育

① 講習会・資格/検定試験：
冷凍空調技士、食品冷凍技士、1・2冷講習（KHK主催）実施

② 教育·研修：
冷凍空調技術講習、通信教育、サイエンス講座 開講

③ セミナー·見学会：
全国での冷凍空調関連最新セミナー、関連施設見学会 開催

④ 出版：
冷凍空調関連の専門書、冷凍機械責任者・冷凍空調技士/食品冷凍技士用テキスト 発行

学術評価

① 資格認定：
「冷凍空調技士」および「食品冷凍技士」の資格の認定

② 表彰：
「日本冷凍空調学会賞」（学術賞、技術賞、研究奨励賞、優秀講演賞、会長奨励賞）を表彰

調査研究

① 研究プロジェクト：
研究や国・他学会からの委託による受託研究を実施

② 技術分科会：
関連した各種技術分科会を設立し活動中

国際交流

IIR（国際冷凍学会）、ASHRAE、CAR（中国制冷学会）、SAREK（大韓設備工学会）、TSHRAE（台湾冷凍空調学会）、AFF（フランス冷凍協会）、DKV（ドイツ冷凍協会）などとの交流、国際会議開催

学会にご入会いただくと、会員特典として、出版書籍・講習会・セミナー・見学会・通信教育・年次大会などが特別価格になります。

ご入会・お問い合わせは、下記まで

公益社団法人日本冷凍空調学会
〒103-0011 東京都中央区日本橋大伝馬町13-7 日本橋大富ビル5F
TEL：03-5623-3223　FAX：03-5623-3229　https://www.jsrae.or.jp/

今日からモノ知りシリーズ
トコトンやさしい
冷凍空調技術の本

NDC 533.8

2020年4月30日　初版1刷発行
2024年5月31日　初版4刷発行

発行者　井水 治博
発行所　日刊工業新聞社
東京都中央区日本橋小網町14-1
(郵便番号103-8548)
電話　書籍編集部　03(5644)7490
販売・管理部　03(5644)7403
FAX　03(5644)7400
振替口座　00190-2-186076
URL　https://pub.nikkan.co.jp/
e-mail　info_shuppan@nikkan.tech
印刷・製本　新日本印刷(株)

●DESIGN STAFF
AD――――――志岐滋行
表紙イラスト――――黒崎　玄
本文イラスト――――榊原唯幸
ブック・デザイン――奥田陽子
(志岐デザイン事務所)

●
落丁・乱丁本はお取り替えいたします。
2020 Printed in Japan
ISBN　978-4-526-08059-3 C3034

●著者略歴
香川 澄(かがわ・のぼる)

1982年　慶應義塾大学大学院理工学研究科修士課程修了
（1989年　慶応義塾大学工学博士）
同年　東京芝浦電気株式会社入社
家電機器技術研究所
1995−97年　米国国立標準技術研究所（NIST）客員研究員
2003−23年　防衛大学校機械システム工学科教授
2014−18年　同教務部長
2017−19年　公益社団法人 日本冷凍空調学会会長
2023年　防衛大学校名誉教授
早稲田大学理工学術院客員研究教授、
東京海洋大学客員研究員、
高圧ガス保安協会理事（非常勤）等 在任

関口 恭一(せきぐち・きょういち)

1978年　静岡大学大学院工学研究科
機械工学専攻課程修了
1978年　日立ビル施設エンジニアリング（株）入社
1999年　（株）日立ビルシステム 冷熱システム事業部
新商品・新技術グループ長
2017年　公益社団法人 日本冷凍空調学会
政策委員会教育制度再構築分科会委員
現　在　関口技術事務所 代表

山本 慎之介(やまもと・しんのすけ)

1981年　北海道大学工学部原子工学科卒業
同　年　ダイキン工業株式会社入社
大型冷凍機の設計・開発および開発管理業務、
サービス、研修部門（現職）の業務に従事
2017年　公益社団法人 日本冷凍空調学会
政策委員会教育制度再構築分科会委員